말하는 뇌를 깨우는
언어놀이 육아

말하는 뇌를 깨우는 언어놀이 육아

초판 1쇄 발행 | 2023년 9월 1일

지은이 | 김지호
발행인 | 이종원
발행처 | (주)도서출판 길벗
출판사 등록일 | 1990년 12월 24일
주소 | 서울시 마포구 월드컵로 10길 56(서교동)
대표 전화 | 02)332-0931 | **팩스** · 02)323-0586
홈페이지 | www.gilbut.co.kr | **이메일** · gilbut@gilbut.co.kr

기획 및 책임편집 | 최준란(chran71@gilbut.co.kr) | **디자인** · 강은경 | **본문 일러스트** · 강준호
제작 · 이준호, 손일순, 이진혁, 김우식 | **마케팅** · 이수미, 장봉석, 최소영
영업관리 · 김명자, 심선숙, 정경화 | **독자지원** · 윤정아, 최희창

편집 및 교정 · 장도영 프로젝트 | **전산 편집** · 박은비
CTP 출력 및 인쇄 · 대원문화사 | **제본** · 경문제책사

ISBN 979-11-407-0615-0 03590
(길벗 도서번호 050203)

독자의 1초를 아껴주는 정성 길벗출판사

{{{ (주)도서출판 길벗 }}} IT실용, IT/일반 수험서, 경제경영, 취미실용, 인문교양(더퀘스트), 자녀교육 www.gilbut.co.kr
{{{ 길벗이지톡 }}} 어학단행본, 어학수험서 www.gilbut.co.kr
{{{ 길벗스쿨 }}} 국어학습, 수학학습, 어린이교양, 주니어 어학학습, 교과서 www.gilbutschool.co.kr

{{{ 페이스북 }}} www.facebook.com/gilbutzigy
{{{ 트위터 }}} www.twitter.com/gilbutzigy

말하는 뇌를 깨우는 언어놀이 육아

김지호(1급 언어치료사) 지음

길벗

공부 머리를 길러주는 언어놀이터로 오세요

놀이터에서 노는 아이들은 보기만 해도 기분이 좋아질 만큼 활기가 넘칩니다. 신이 나서 이리저리 뛰어다니며 열심히 재잘댑니다. 무슨 말을 하는지 귀 기울여 들어보면 다들 제법 진지합니다. 이러자 저러자 제안하고, 의견을 절충하며, 자기들만의 규칙을 세워요. 서로 재미있게 놀려면 소통이 필요하다는 사실을 아이들은 잘 알고 있습니다.

어른과의 대화도 놀이터 같으면 좋겠습니다. 상대에게 존중받고 서로 이해하며 즐겁게 성장해가는 장소 말이에요. 그런 경험을 많이 한 아이들은 말도 잘하고 마음이 튼튼할 뿐 아니라 똑똑하게 자랍니다. 실제로 우리 뇌는 감각과 경험을 통해 개념을 구축하고, 이렇게 형성된 말 머리는 공부 머리를 자극해 학습능력을 높여줍니다. 또한 사회성을 기르는 데도 매우 중요한 역할을 해요. 아이들의 발달 과정이 이러한 사실을 잘 보여주고 있어요.

이 책도 즐거운 대화 경험 만들기에 초점을 두었어요. 그 안에서 아이들의 언어 발달을 촉진할 방법을 찾고자 했습니다. 집, 동네 가게, 시장과 마트, 도서관과 극장 등 다양한 장소에서 할 만한 언어놀이 46가지를 담았는데요. 함께 실린 스마트 기기 활용 팁도 많은 도움이 되리라 생각합니다.

이 책과 함께하는 시간이 어린 시절의 좋은 추억이자 어른도 즐거운 놀이터이면서 모두가 성장하는 공부방이 되길 바랍니다.

김지호 드림

| 목 차 |

1단계

Step 1 : 어휘와 문장을 익히며 뇌 깨우기

2 단 계

Step 2 : 이야기를 구성하는 어휘력 쌓기

3 단계

Step 3 : 일상에서 언어놀이 적용하기

영유아 언어 발달의 특성 바로 알기

아이의 언어 발달을 도우려면 어른이 꼭 알아야 할 것들이 있습니다. 여기에 그 내용을 간단히 소개합니다.

언어는 인지·신체·사회성과 함께 발달합니다

영유아기 아이들의 성장 과정을 간략히 살펴보겠습니다.

갓난아기는 아직 세상을 '인지'하지 못합니다. 자기와 세계를 분리하고 인식하기까지는 시간이 걸려요. 언어도 마찬가지입니다. 귀를 통해 들어오는 소리를 의미 있는 말로 해석하지 못해요. 신체적 한계도 분명해서, 할 수 있는 일이라곤 몸을 뒤척이거나 울음소리를 내는 것 정도입니다.

생후 1년쯤 지나면 자신의 몸을 지탱하고 이동할 수 있을 만큼 신체 발달이 이루어져요. 시각과 청각 등 감각 처리 기능도 좋아집니다. 그렇게 첫 낱말을 떼고 걸음마를 시작합니다. 이제 아이는 자신을 둘러싼 세계를 직접 탐색하고 경험하고 언어로 개념화합니다. 가족 호칭과 일상 사물, 동사를 포함한 간단한 지시어를 알아들어요. 말할 수 있는 낱말도 하나둘 생겨나기 시작합니다.

시간이 흐르면서 아이는 운동능력이 발달해 다양한 동작을 할 수 있게 되고, 손놀림이 정교해져서 장난감 조립도 잘합니다. 말도 늘어서 다양한 문장 표현은 기본이고, 노래를 부르며 또래와 함께 소꿉놀이도 해요. 어린이집에서 돌아오면 그곳에서 있었던 일을 부모에게 설명할 줄도 압니다. 이처럼 영유아기 아이들의 변화는 매우 드라마틱해서 주위 어른들을 깜짝 놀라게 해요.

여기서 분명히 알아둘 것은 아이들의 발달이 '몸 따로 말 따로 인지 따로'가 아니라 몸과 말, 인지가 상호 유기적으로 발달한다는 점입니다. 신체 발달은 인지 발달로 이어지고 인지 발달은 언어 발달의 밑거름이 됩니다. 언어 발달은 다시 인지 발달을 촉진하고 사회성을 강화해요. 이처럼 아이의 발달은 어느 한 영역만 딱 떨어뜨려서 생각할 수 없어요. 그렇기에 말 잘하는 아이로 키우려면 신체적·인지적·사회적 측면을 함께 고려해야 합니다.

언어는 단계적으로 발달합니다

아이들의 언어 발달은 다음의 순서를 따릅니다.

낱말 → 구절 → 문장 → 이야기(담화)

처음부터 이야기를 능숙하게 꾸며내는 아이는 없습니다. "맘마(밥)", "으마(엄마)", "빠(아빠)"에서 시작해 "저거 여기", "아빠 이거", "엄마 우유"를 거쳐 "저거 주세요", "엄마 응가 마려워요", "아빠가 그림 그려서 나한테 줘"로 서서히 발전합니다. 특별한 이유가 없다면 문장을 말하던 아이가 나이가 들면서 낱말 발화로 퇴행하는 일은 없습니다.

어휘도 그렇습니다. 처음에는 가족과 일상 사물, 동물처럼 친근하고 자주 접하며 눈에 보이고 만질 수 있는 것의 이름부터 인지합니다. 이후 '앉다-서다', '달리다-멈추다', '주다-받다'와 같은 동사로, '둥글다-네모나다', '뜨겁다-차갑다' 같은 형용사로 이해의 폭이 넓어집니다. '위험', '다행', '착하다' 같은 추상적 개념어는 나중에 발달해요. 처음부터 어른들이 사용하는 개념어를 이해하기는 어렵습니다(물론 뜻을 모르면서 쓸 수는 있습니다).

이러한 언어 발달의 특성을 이해하면 한꺼번에 너무 많은 정보를 아이에게 주거나, 아이가 감당할 수 없을 정도의 과한 요구를 하는 일은 피할 수 있습니다.

언어는 종합적으로 발달합니다

우리는 보통 언어를 '인간이 사용하는 말'쯤으로 생각합니다. 하지만 깊이 들여다보면 좀 더 포괄적인 개념입니다. 구어인 말은 물론 문자, 행위를 수반하는 다양한 기호 역시 언어에 해당해요. 청각장애인들이 사용하는 수어, 군인들이 사용하는 수신호가 그렇습니다.

언어에는 다음과 같은 영역이 있습니다.

의미

모든 언어에는 의미, 즉 뜻이 있습니다. 언어 표현 '털이 부드럽고 멍멍 소리를 내며 꼬리를 흔드는 것'은 개 혹은 강아지이자 동물을 뜻합니다. 아이들은 감각과 경험을 통해 이를 언어화하고 어휘 목록에 추가합니다. 컵을 언어화하면 '손으로 잡을 수 있고 우유나 물을 담아 마시는 데 쓰는 물건'입니다. 한편 엄마가 "컵 줄래?"라고 했을 때 아이가 이 지시를 수행하려면 동사 '주다'의 뜻도 알고 있어야 합니다. 그래서 어른들은 영유아에게 말뜻을 알려주는 데 주력합니다.

어른들은 평균적으로 수만 개의 어휘를 이해하고 사용합니다. 갓난아기 때부터 그 의미를 착실하게 배운 덕분입니다. 이처럼 언어 발달에서 '의미'는 어휘와 관련이 깊습니다.

음운

언어는 소리로 이루어집니다. 문자도 결국은 '시각화한 소리'라고 할 수 있어요. 그런데 여기에는 규칙이 있습니다. 아이들이 음식을 먹으려면 "파파"나 "트트"가 아닌 "맘마"라고 말해야 해요. 음운이란 이처럼 말소리를 의미 있게 하는 규칙을 말합니다. 한편 '맘마'라고 말하려면 이러한 규칙을 이해하는 것과 함께 구강기관의 움직임을 조절할 수 있어야 합니다. 그리고 순음이자 비강음인 미음(ㅁ)을 모음과 결합할 수 있어야 해요. 이처럼 언어 발달에서 '음운'은 발음과 연관됩니다.

구문

구문은 말의 배치와 변형에 관한 지식입니다. 어디에 주어를 두어야 할지, 조사를 어떻게 결합시킬지, 지난 사건을 말할 때와 앞으로 벌어질 일을 말할 때는 어떻게 표현이 다른지, 사동 표현과 피동 표현은 어떻게 다른지 등 첫 발화 이후 아이들이 배워야 할 구문 지식은 산더미 같습니다. 이러한 구문 규칙은 모국어의 문법을 따릅니다. 이 모든 것을 자연스럽게 익히려면 다른 사람과의 언어적 상호작용이 필요해요. 언어 발달에서 '구문'은 문장과 연관됩니다.

화용

화용은 언어의 적절한 사용을 말합니다. 화용 능력이 떨어지면 헤어질 때 인사말을 한다거나, 말을 들어야 할 때 계속 자기 말만 하는 등 다른 사람과의 소통이 어려워집니다. 말을 잘하려면 대화를 둘러싼 환경, 상대방의 의도, 대화의 목적과 맥락 등을 이해해야 합니다. 어휘력이 풍부하고 깔끔한 문장을 구사하더라도 언어의 화용적 측면을 간과한다면 눈치 없는 사람, 자기 말만 하는 사람이 됩니다. 언어 발달에서 '화용'은 사회성, 정보의 생성·습득·전달과 연관됩니다.

언어는 이처럼 다양한 영역에서 종합적으로 발달해야 합니다. 어휘가 풍부하고 발음을 또박또박한다고 해서 언어능력이 뛰어난 것이 아닙니다. 말을 잘하려면 의미, 음운, 구문 지식은 물론 적절한 사용법을 고루 익혀야 해요. 그러려면 단어만 계속해서 외우거나 읽기에 치중하는 방식에서 벗어나 놀이, 대화, 체험활동 등을 통해 각 언어 영역을 골고루 촉진해야 합니다.

언어 발달에 꼭 필요한 다섯 가지

마지막으로, 아이의 언어 발달에 꼭 필요한 다섯 가지를 말씀드리겠습니다.

감각, 경험

감각은 언어 발달의 토대입니다. 아이들은 오감을 통해 언어능력을 키워갑니다. 아이가 '사과'라는 소리를 듣지 못한다면 다른 방식으로 '사과'라는 낱말을 경험해야 합니다. 만약 아이가 손을 내밀어 폭신폭신한 베개를 눌러볼 수 없다면 '부드럽다'나 '단단하다'라는 말을 익히는 데 훨씬 더 많은 시간이 걸릴 거예요.

이처럼 영유아기의 감각적 자극은 매우 중요합니다. 직접 만지고 맛보고 듣다 보면 더 빨리 말을 배울 수 있어요. 아이들은 감각을 통해 경험하고, 축적된 경험은 '개념'이라는 언어의 재료가 됩니다.

어른의 반응

아이들은 어른의 반응을 통해 자기 말을 가다듬습니다. "엄마"라고 말했을 때 엄마가 뒤돌아보지 않는다면 아이는 좀 더 큰 목소리로 엄마를 부릅니다. 아이가 "냥냥이"라고 말했을 때 아빠가 "고양이?"라고 되묻는다면 아이는 얼른 "응, 고양이"라고 자신의 말을 수정할 거예요. 이처럼 아이는 어른의 반응을 통해 말의 의미, 발음, 음성, 상황에 맞는 쓰임 등을 배웁니다. 이때 수동적 반응보다는 적극적인 반응이, 데면데면한 대답보다는 분명한 표현이 훨씬 효과가 좋아요.

놀이, 대화

어른과의 상호작용은 아이들의 언어 발달을 촉진합니다. 대표적인 것이 놀이와 대화입니다. 놀이는 밀도 높은 상호작용이 이루어지는 '언어 학습의 장'입니다. 사물의 이름을 말하고 상황과 방법을 설명하는 과정에서 아이들은 새로운 말을 배우고 소통의 기쁨을 경험합니다. 그래서 잘 노는 아이들은 자꾸만 말을 합니다. 대화 중에서 특히 어른과의 대화는 소통의 방법과 말의 올바른 쓰임을 익히는 기회가 됩니다. 말을 시작할 때 이름을 부르거나 눈을 마주치는 일처럼 간단한 대화 규칙에서부터, 상황에 따라 뜻이 달라지는 말처럼 곰곰이 생각해보아야 할 것까지 아이들이 배워야 할 것은 너무도 많습니다.

이처럼 일상에서 놀이와 대화는 아이의 언어능력을 한 단계 높이는 훌륭한 기회가 됩니다.

Step 1
어휘와 문장을
익히며 뇌 깨우기

3~5세는 어휘가 폭발적으로 늘고 음운 지식과 함께 구문 능력이 확장하는 시기입니다.
이 시기에 일상에서 아이들의 언어 발달을 도와줄 언어 활동을 소개합니다.

01

입으로 후~

◆ **호흡 및 발성 강화** ◆ **시각을 통한 말소리 인식**

• 강하게 숨 내쉬기, 바/파/빠 등 소리 내기를 통해 발성기관의 힘을 기르고 입술소리를 연습
  합니다. 그리고 그 결과를 눈으로 확인합니다.

• 빨대 등 입에 대고 불 수 있는 물건, 티슈나 비눗방울 등 가벼운 사물들을 활용합니다.

말은 호흡에서 시작합니다. 우리는 말할 때 숨을 들이마신 다음에 적당한 압력을 유지하면서 공기를 입 밖으로 흘려보내요. 이 과정이 충분하지 않으면 말소리를 낼 수 없거나 소리가 불분명해집니다. 구강 내 공기의 흐름을 제어하는 입술과 혀의 움직임도 중요합니다. 특히 입속에 공기를 담았다가 터뜨리는 '파열'은 자음 발성의 기초가 됩니다.

말이 많아지기 시작하는 2~3세 전후에는 말소리를 내기에 충분한 호흡을 확보하고 의도한 소리를 올바로 낼 수 있도록 돕는 것이 좋습니다. 다음 놀이들을 참고하세요.

언어놀이 1 ◆ 빨대 축구

탁자에 탁구공을 올리고 빨대로 숨을 내쉬며 탁구공을 몰고 가서 상대방 골대에 넣는 놀이입니다. 빨대는 지름이 좁은 것보다 조금 넓은 것이 아이들이 계속 물고 있기에 좋습니다. 빨대 불기는 숨 내쉬기를 강화하고 입술 오므리기를 통해 순음(ㅁ/ㅂ/ㅍ/ㅃ)을 분명히 소리 내는 데 도움을 줍니다. 점수를 매기며 경쟁하면 아이들이 더 재미있어합니다.

| 뇌를 깨우는 말들 |

★ "도담아, 빨대 축구 하자. 이걸 입에 대고 부는 거야. 아빠 골대는 저쪽 끝이고, 네 골대는 여기. 자, 시작한다!"

★ "더 세게, 그렇지! 드리블, 드리블! 내가 막는다. 후~ 후~ 앗. 망했다. 골-인! 도담맘 선수 골인입니다!"

언어놀이 2 · 티슈 불기

집에서 쓰는 티슈를 활용한 놀이입니다. 먼저 티슈를 한 장 꺼냅니다 (두 겹으로 되어 있으면 한 겹은 벗겨내세요). 티슈를 손으로 들어 올린 다음 입으로 불어가며 오랫동안 허공에 머물게 합니다. 이때 "후" 하고 부는 대신 "파/빠" 하고 강한 입술소리를 낼 수도 있습니다. 놀이를 할 때 시간을 재면서 기록 경쟁을 해보세요. 이렇게 계속해서 강하게 숨을 내쉬는 연습을 하면 말소리의 강도를 유지하는 데 도움이 됩니다.

티슈 대신 풍선 혹은 작은 비닐 조각을 사용할 수도 있고, 오랫동안 허공에 띄우는 일이 어렵고 서투르다면 '불어서 멀리 보내기' 식으로 규칙을 바꿔서 해도 재미있습니다.

| 뇌를 깨우는 말들 |

★ "오늘은 불기 대회입니다. 지우야, 이걸 입으로 불어서 땅에 안 떨어지게 하는 거야. 자, 엄마 하는 거 봐. 푸우/푸어~ (휴지를 따라 몸을 움직이며) 아! 여기도 푸~ 헉헉. 몇 초나 지났어?"

★ "손대면 안 돼요. 이렇게 뒷짐을 쥐고 하는 거야. 오, 그렇지. 잘한다. 지우! 휴지가 저 멀리 올라갔네. 이리저리 움직이네! 떨어지질 않아!"

언어놀이 3 · 비눗방울 놀이

특별한 설명이 필요 없는 놀이예요. 다만, 비눗방울을 기계로 자동 발사하는 형태가 아닌 입으로 불어서 해야 합니다. 따로 규칙은 없지만 누가 더 큰 비눗방울을 만드나, 혹은 비눗방울을 누가 더 멀리 보내나 내기를 하면 더 재미있습니다.

| 뇌를 깨우는 말들 |

★ "자, 봐봐. 동그란 막대에 대고 후~ 하잖아? 그러면 막대에서 뿅~ 하고 비눗방울이 나와. 신기하지? 한번 해볼까?"

★ "비눗방울 놀이~ 이렇게 살살 불어야 안 터진다! 호~ 호~."

★ "이번에는 내가 한숨에 불어볼게. 이렇게 숨을 마셨다가 한번에 후우 우우우우우~."

★ "도담아. 아빠처럼 해볼래? 후~ (비눗방울 하나) 후~ (비눗방울 둘) 후~ (비눗방울 셋)…."

★ "와, 하늘로 날아간다. 예쁜 비눗방울! 어? 저기 저거 비눗방울이 없어졌네! 어디 갔지? 아, 터졌구나. 비눗방울이 사라졌어."

언어놀이 4 ◆ 색종이 조각 날리기

테이블에 색종이 조각을 모아두고 "파/푸/페/포/피"와 같은 소리를 내면서 불어 색종이 조각을 퍼트립니다.

| 뇌를 깨우는 말들 |

★ "신기한 색종이 나라입니다~ 여기 빨간색, 노란색, 검은색, 은색 색종이 조각들이 있어요. 한번 불어볼까요. 파아~ 파아~."

★ "이번에는 좀 더 멀리서 해볼게요. 이만큼 떨어져서. 파~ 파~ 파~ 오
  잉? 색종이가 안 움직이네요. 안 되겠다. 배에 힘을 산뜩 주고, 피이!"

ⓣⓘ🅿 이런 점도 신경 써주세요

아이들은 자신의 말소리를 청각적으로 피드백 받습니다. 다만 소리는 금세 소멸하
기 때문에 즉시 인식하거나 이전과 이후를 비교하기 어렵습니다. 소리의 시각화는
자신이 낸 소리를 눈으로 확인하게 합니다. 이를 통해 아이들은 다음을 배울 수 있
습니다.

- **발성 주체를 인식:** 우리는 대화할 때 음색을 통해 지금 들은 말소리를 누가 냈
  는지 구별합니다. 그러나 아주 어린 아이들은 어떤 소리가 자신의 것인지 변별하
  는 데 시간이 걸려요. 이때 말소리를 시각화하면 누가 내는 소리인지 금세 알 수
  있습니다. 시각적 변화를 야기한 사람이 바로 발화의 주체니까요.
- **발성의 시작과 끝:** 내가 낸 소리가 언제 시작하고 끝나는지 확인할 수 있습니다.
- **소리의 강약 조절:** 소리를 크게 내거나 작게 낼 때 어떤 차이가 있는지 직관적
  으로 알게 되면서 소리를 스스로 조절할 수 있습니다.
- **집중력 강화:** 우리의 눈은 본능적으로 움직이는 것들을 쫓습니다. 그런 이유로,
  소리의 시각화는 말하는 사람을 집중하게 합니다. 소리를 움직이는 사물로 바꾸
  어주기 때문입니다.

이런
아이들에게
좋아요
- ◆ 말 표현이 없거나 소리를 잘 내지 않는 아이
- ◆ 말소리가 너무 작거나 큰 아이
- ◆ 타인의 말소리에 귀 기울이는 데 어려움이 있는 아이

02

이상한 노래방

활 동 목 표

◆ **말소리 크기, 높낮이, 음색 조절하기**   ◆ **감정과 느낌 표현하기**   ◆ **음성 표현 유도하기**

• 노래 부르기를 통해 말소리의 크기와 높낮이 등을 조절하는 법을 배웁니다.

• 자기 말소리를 조절하며 나이, 성별, 감정 상태에 따라 다르게 소리 냅니다.

• 동물, 만화 캐릭터 등을 흉내 내면서 다양한 음색을 모방합니다.

• 장난감, 마이크, 스마트 기기의 녹음 기능을 활용합니다.

말소리는 음의 강도(소리의 크기-진동 폭), 음도(소리의 높낮이-진동수), 음색(음의 개성-파형)에 의해 결정됩니다. 이는 의사소통에도 매우 큰 영향을 미쳐요. 똑같은 낱말이나 문장도 음도와 음색에 따라 의미가 달라집니다. 같은 말도 말끝이 올라가면 질문이고, 말끝이 내려가면 대답이 됩니다. 음의 강도 역시 중요합니다. 가까운 거리에 있는 사람에게 큰 소리로 말할 때는 경고의 의미가 있습니다. 독백은 함께 있는 사람이 들리지 않도록 작은 소리로 말하는 것이고, 특정 상대만 들을 수 있게 말하려면 속삭여야 합니다.

말소리의 변화는 감정과 연결되어 있습니다. 우리는 말소리의 미세한 차이가 그 사람의 감정을 드러낸다는 것을 알고 있습니다. 이러한 감정 표현은 대화의 내용만큼이나 중요한 메시지를 담고 있습니다. 아이들은 경험을 통해 그 차이를 해석하고 스스로 만들어내게 됩니다.

다음은 다양하게 말소리를 조절하는 데 도움이 되는 놀이입니다.

언어놀이 1 · 우는 아이 떡 하나 더 주는 노래방 ────

다양한 감정으로 노래를 부르는 놀이입니다(노래를 부르며 표현할 수 있는 감정 예시 목록은 아래에 있습니다). 어른과 아이가 함께 아는 노래를 부르되, 다음과 같이 '누가 누가 잘하나' 내기를 합니다.

[뇌를 깨우는 말들]

★ "노래 부르기 대회예요. 가장 슬프게 부르는 사람이 승리합니다~"

★ "내가 먼저 해볼게요~ 나비야, 흑흑, 나비야아… 잉잉, 이리이 날아 오
너… 흑흑 라~."

★ "이번엔 귀신처럼 무섭게 부르기! 나…비. 야. 나비야아~ 이, 리 나…
아…라… 으으~ 오너라… 어때? 정말 무섭지?"

★ "이번엔 도담이 차례~ 화가 난 목소리로 노래를 불러볼까요?"

★ "오! 정말 슬프군요. 아주 잘했어요. 10점 만점~ 엄마 노래는 몇 점?
애개, 겨우 1점? 왜 1점이야?"

노래 부르며 표현할 수 있는 감정들

- 슬프게 우는 것처럼 노래하기
- 큰 소리로 화난 것처럼 노래하기
- 밝은 목소리로 기쁘게 노래하기
- 겁을 먹은 듯한 목소리로 노래하기
- 귀신처럼 무섭게 부르기

언어놀이 2 ◆ 모두의 동물 노래방

동물마다 내는 소리는 제각각입니다. 호랑이는 어흥, 쥐는 찍찍, 돼
지는 꿀꿀 등 그 소리들을 흉내 내며 노래를 부릅니다(등장 동물: 돼지, 호
랑이, 사자, 쥐, 닭, 소, 양, 말, 물개, 부엉이, 참새 등). 동물들의 특색을 살린 동
작을 취하면서 부르면 더 재미있습니다.

★ "안녕하세요, 노래자랑 시간이 돌아왔습니다. 이번 참가자는 동물농장
에 사는 통통돼지 님입니다. 자, 노래를 들어볼까요?"

★ "반짝반짝 작은 별, 꿀꿀꿀꿀 비치네. 동쪽 하늘에서도 서쪽 하늘에서
도 꿀꿀꿀꿀 작은 별~."

★ "저는 고양이처럼 부를게요. 무엇이 무엇이 똑같냐옹, 숟가락 두 짝이
냐옹냐옹~."

★ "개~우울~가~에 오올~채앵~이이~ 하안 마아~리. 안녀엉하세요오.
거부우우기에에요오~."

노래 부르며 할 수 있는 동물 표현들
- 호랑이처럼 으르렁거리며 노래하기
- 토끼처럼 깡총깡총 뛰며 노래하기
- 매미처럼 나무에 매달려 맴맴 노래하기
- 새처럼 날갯짓하며 노래하기

언어놀이 3 ◆ 겨울왕국의 어벤저스 노래방

아이들이 좋아하는 캐릭터가 있다면 그 목소리로 노래를 부릅니다.
동작도 함께 하면서 노래하면 더 신나요. 어른과 함께 각자 캐릭터를 정
해서 합창해도 재미있습니다(등장 캐릭터: 뽀로로, 크롱, 엘사, 타요, 콩순이, 쥬
쥬, 뿡뿡이, 또봇, 기타 마법사, 공룡, 천사, 요정, 귀신 등).

캐릭터의 특색을 살린 동작을 하며 부르면 더 재미있어요.

★ "노오능게 크롱크롱 제일 조오아. 친구들 모여서 크롱크롱~."

★ "으히히히~ 나는 귀신이다아~ 떠…어따…이히히히 떠…어따…이힝 비헤에~이히히힝기~."

★ "우당탕, 쿵쿵, 나는야 케첩 될 거야~ 우히헹, 컹컹 나는야 주스 될 거야~."

★ "오! 과연 공룡은 덩치도 크고 목소리도 크네요~."

노래 부르며 할 수 있는 캐릭터 표현들

● (토마스) 기차처럼 칙칙폭폭 걸어가며 노래하기
● 뽀로로처럼 폴짝폴짝 뛰며 노래하기
● 엘사처럼 빙글빙글 돌면서 노래하기
● 뿡뿡이처럼 방귀 뀌며 노래하기

언어놀이 4 ◆ 가족 흉내 내기 노래방

나이와 성별을 흉내 내며 노래 부르기입니다. 갓난아기, 할머니, 할아버지, 삼촌, 이모, 형, 언니처럼 노래합니다.

★ "자, 오늘은 흉내 내기 대회입니다. 누가 가장 샛난아기처럼 노래 부를
수 있을까요? 첫 번째 참가자는 마포구에 사는 양도담 씨~."

★ "아기 상어 응애 응애 뚜르뚜르뜨~ 삼촌 상어 으허허허 뚜르뜨르뜨~."

★ "아, 이건 정말 애기 같은데, 정말 똑같아~ 이번에는 아빠 차례. 아빤
할아버지처럼 노래할 거야~."

★ "사과아 같은… 내 얼구울, 흠흠. 예쁘기도 하구나 흠흠~."

★ "제 점수는요. 우와 10점인가요? 왜요?"

★ (노래 한 곡을 여러 연령대와 성별의 인물들이 등장해서 부릅니다.) "이번에는 할
아버지랑 애기랑 같이 부를 거예요. 화이팅~ 나비, 헐헐 야~ 나비…
야, 이이리, 날아오너라, 하얀 흥애흥애 나비잉 흰 나비잉~."

언어놀이 5 ◆ 스마트폰 앱 활용하기

스마트 기기에는 녹음 기능이 장착되어 있습니다. 노래를 녹음하고
다시 들어보면 신기하기도 하고, 노래할 때는 몰랐던 자기 음성의 특징
을 객관적으로 확인할 수 있어요. 각종 음성 변조 앱도 쓸 만합니다. 동
물, 캐릭터, 다양한 인물들의 목소리로 자기가 한 말을 들을 수 있게 해
보세요. 아이가 재미있어합니다.

T I P 이런 점도 신경 써주세요

스마트폰 앱의 녹음 기능을 활용한 피드백은 다음과 같은 효과가 있습니다.

- 자신의 말소리를 객관적으로 들어볼 수 있습니다.
- 말소리의 강도와 높낮이, 음색을 경험으로 점검할 수 있습니다.
- 의도에 따라 말소리를 조절하는 연습을 할 수 있습니다.

 이런
아이들에게
좋아요

- ◆ 목소리 톤이 단조롭고 부자연스러운 아이
- ◆ 감정 표현이 서툰 아이
- ◆ 목소리가 작고 말끝을 흐리는 아이
- ◆ 정신없이 자기 말만 하거나 너무 빨리 말하는 등 평소 자기 말소리
  를 의식하지 못하는 아이

03

동그란 물건을 찾아요

우리 집 욕실, 주방, 발코니 등에는 얼마나 많은 명사가 있을까요? 집 안을 스마트폰으로 사진 찍어 함께 보면서 찾아보세요. 아이에게 특정 조건을 제시하면서 그 조건에 맞는 사물을 사진으로 찍어 오게 할 수도 있습니다. 집 안을 살피다 보면 의외로 많은 명사를 발견할 수 있을 거예요.

언어놀이 1 ◦ 숨은 낱말 찾기

안방, 욕실, 주방 등 집 안의 공간 중에서 한 곳을 선택해 그 공간이 모두 들어오도록 스마트폰으로 사진을 찍습니다. 사진 화면을 보면서 어른과 아이가 함께 번갈아 사물 이름 대기 놀이를 합니다.

[뇌를 깨우는 말들]

★ "사물 이름 대기! 아빠 먼저다. 숟가락! 다음은 도담이! 젓가락? 나는… 포크! 너는? (뒤집개, 수세미, 고무장갑, 전기밥솥 등)"

★ "여긴 욕실이야. 이 닦을 때 쓰는 게 있네. 뭘까요?"

★ "여긴 어디일까요? 맞아, 욕실이야. 여기에 있는 물건 중에서 손잡이가 있고 솔이 달려 있는데 까슬까슬하고 청소할 때 쓰는 게 뭐게?"

★ "추울 때 손에 끼는 게 뭐지? 한번 찾아보자!"

★ "네 몸무게가 얼마나 나가는지 알고 싶어. 우리 집에 있는 물건들 중에서 무엇을 사용하면 되지?"

- 안방: 문, 손잡이, 침대, 이불, 화장대, 옷가지, 서랍장, 서랍 안, 옷장 안 등
- 작은 방: 책상, 책, 컴퓨터, 색연필, 달력, 장난감, 스위치, 책상 서랍 속, 가방 안 등
- 부엌: 식탁, 냉장고, 병따개, 조리도구, 세제, 냉장고 안, 찬장 속 등
- 거실: 커튼, 시계, 전등, 화분, 청소기, 소파 주위, 텔레비전 주위, 발코니 공간 등
- 욕실(화장실): 변기, 욕조, 거울, 수건, 칫솔, 수납장 안 등
- 창고: 집기, 공구류, 수납용 상자 안 등

언어놀이 2 ◆ 미션 사진 찍기

어른이 특정 조건을 제시하면 그 조건에 해당하는 사물을 아이가 사진으로 찍어 옵니다. 제시한 조건에 맞게 사진을 찍어 왔는지 함께 살펴보며 이야기합니다. 역할을 바꾸어 아이가 조건을 제시하고 어른이 그 조건에 맞는 사진을 찍어 옵니다. 누가 사물을 더 많이 찾나 경쟁할 수 있습니다.

[뇌를 깨우는 말들]

★ "이번에는 동그란 물건 찾기, 어때? 좋아! 과연 몇 개나 있을까? 도담이 도전!"

★ "어디 보자. 오~ 컵, 우산, 가위, 빗자루⋯ 정말 다 손잡이가 있네! 우와 네 개나 찾았어요. 정말 잘했어요~."

★ "이번에는 내가 해볼게. 어떤 거 찍어 와? 먹는 거? 아니면, 나무로 만든 거? 아하! 굴러가는 거! 굴릴 수 있는 거 말이지? 좋아, 굴릴 수 있

는 거 찾아올게! 출발~."

★ "엄마는… 투명하고 단단한 거 어때? 좋아. 유빈이가 투명하고 단단한

거 찾아오겠습니다. 도전~."

★ "손가락보다 작은 거? 뭐가 있을까? 한번 찾아볼까?"

| **활용할 수 있는 낱말들** |

- 색깔: 흰색 물건, 빨간색 물건, 검은색 물건, 노란색 물건 등
- 모양: 둥근 것, 세모난 것, 네모난 것, 뾰족한 것, 길쭉한 것, 손바닥보다 작은 것, 엄지손가락만 한 것 등
- 부분: 모서리가 있는 것, 손잡이가 달린 것, 버튼이 달린 것, 뚜껑이 있는 것, 문이 달린 것, 바퀴 달린 것 등
- 특성: 단단한 것, 구부러지는 것, 굴러가는 것, 가벼운 것, 무거운 것, 매달리는 것, 무늬가 있는 것 등

언어놀이 3 ◆ 스마트폰 앱 활용하기

스마트폰에 기본으로 깔려 있는 카메라/앨범 앱으로 충분합니다. 스마트TV가 있다면 전용 앱을 설치한 후 스마트폰 화면을 공유할 수 있습니다. 일반 텔레비전도 '크롬캐스트'나 '동글이' 같은 미러링 기기와 연결하면 공유가 가능합니다. 텔레비전 화면으로 보면 더 실감이 나고 재미있습니다.

집은 명사로 이루어졌다고 해도 과언이 아닐 만큼 집 안에는 많은 사물이 있습니다. 집에서 명사 등 낱말을 배우는 것은 다음과 같은 장점이 있습니다.

- **직접 체험 가능:** 아이들은 친밀한 것, 자주 보고 만지고 듣고 느낄 수 있는 낱말을 먼저 배웁니다. 집에 있는 사물들은 직접 체험이 가능해요. 우리가 사는 공간, 가장 많이 활동하는 공간에 있는 사물들을 사진에 담아서 이름을 말해주면 금세 이해합니다.

- **사물의 기능 이해:** 집에 있는 사물들은 저마다 역할이 있습니다. 침대는 잠을 자는 데 사용하고, 시계는 시간을 알려줍니다. 청소기와 세탁기는 집안일을 돕고, 색연필은 그림을 그릴 때 사용합니다. 사진에 찍힌 사물들의 기능을 이야기해주세요.

- **낱말을 범주화해 이해:** 공간 혹은 기능 면에서 관련 있는 낱말들을 연결해 목록화할 수 있습니다. 관련성이 적은 낱말들인 '나무, 프라이팬, 장갑, 열쇠'보다는 '우유-빨대-컵-냉장고' 혹은 '냉장고-에어컨-선풍기-텔레비전-컴퓨터'와 같이 관련 있는 낱말들을 하나의 범주로 묶으면 더 빨리 더 많이 기억할 수 있습니다.

 이런
아이들에게
좋아요

- ◆ 다양한 형용사 표현을 배우는 3~4세 전후의 아이
- ◆ 어휘가 부족한 아이
- ◆ 호기심이 많은 아이
- ◆ 물건 조작을 즐기는 아이

04

나처럼 말해봐요

───────────── 활 동 목 표 ─────────────

◆ **듣기 연습** ◆ **모방하기** ◆ **음성 표현 유도하기**

• 들리는 소리에 주목합니다. 들은 문장을 기억하고 똑같이 따라 말합니다.

• 자기 말소리를 듣고 확인합니다.

• 도구를 사용하여 대화를 주고받습니다.

• 말 따라 하는 인형과 관련 앱을 활용하여 말 표현을 유도합니다.

보통 어린아이들은 모방을 잘합니다. 어른이 하는 말과 행동을 유심히 보고 듣고 따라 하지요. 그러나 간혹 모방에 소극적인 아이들이 있어요. 아이가 모방에 소극적일 때 활용할 수 있는 교구들과 그 활용법을 소개합니다.

이러한 모방 촉진 교구는 자기가 한 말의 내용을 그대로 피드백 받을 수 있다는 특징이 있어요. 낱말에서 구절로, 그리고 문장으로 점점 말의 길이를 늘려가며 유도해보세요.

언어놀이 1 ◆ 장난감 마이크 놀이

'장난감 마이크' 혹은 '에코마이크'로 검색하면 쉽게 구할 수 있습니다. 특별한 장치 없이 마이크 모양을 한 장난감이에요. 마이크를 아이의 손에 쥐여주고 노래를 부르게 하거나, 어른이 먼저 말한 후 마이크를 건네고 따라 말하게 하는 식으로 모방을 유도합니다. 그냥 말을 따라 하라고 요구할 때보다 훨씬 반응이 좋습니다.

[뇌를 깨우는 말들]

★ "아! 아! 안녕하세요? 오, 신기한 마이크야. 목소리가 울려. 우리 도담이도 아빠처럼 해볼까? 음메 음메~."

★ "노래노래 노래방이에요. 엄마가 노래하다가 마이크를 주면 도담이가 이어서 합니다~ 자, 노래 시작! 무엇이 무엇이 똑같을까~ 젓가락 두 짝이~." (마이크를 아이에게 건네며 이어서 노래 부르도록 유도합니다.)

★ "엄마아, 엄마아, 엉덩이가 뜨거워. 자, 이번에는 도담이 차례. 엄마아, 엄마아~."

언어놀이 2 ◆ 말을 따라 하는 인형 놀이

시중에 나와 있는 말 따라 하는 인형으로 아이의 흥미를 유발하면서 언어놀이를 할 수 있습니다. 동물이나 캐릭터 모양이라서 아이가 친밀감을 느끼기 때문에 편안하게 모방을 유도할 수 있습니다. 인형을 구입하려면 '말 따라 하는 인형'으로 검색해보세요.

[뇌를 깨우는 말들]

★ "도담아, 여기 봐봐. 앵무새야, 앵무새. '앵무새야', 해보자."

★ "오! 신기해. 이번에는 인사를 해볼까? '고양이야, 안녕. 밥 먹었니?' 우와, 따라 말한다. 고양이가 도담이 말을 따라 해!"

★ "이제 내 차례. 아빠가 인형한테 뭐라고 말하면 좋겠어?"

언어놀이 3 ◆ 워키토키 놀이

생활용 무전기입니다. 아이와 한 대씩 나눠 갖고 거리를 둔 채 어른이 한 말을 따라 하게 유도해보세요. 아이들은 안 보이는 곳에서 어른의 목소리가 들려오면 신기해합니다. 누가 쳐다볼 때는 부담이 되어 말을 아끼던 아이도 재미있게 말을 따라 할 수 있어요.

★ "아! 아! 여기는 엄마. 여기는 엄마. 지금 거실에 있나, 오미. 양도담은

   어디에 있나. 응답하라, 오버."

★ "아! 아! 지금부터 동물 소리를 내겠다. 도담이는 따라 하라, 오버. 시

   작하겠다, 오버. 멍멍."

★ "오! 들린다, 들려. 도담아, 네가 방금 고양이 소리 냈지? 잘 들려. 다시

   해볼까? 이번에는 동물 두 마리야. 야옹이와 멍멍이. 야옹야옹~ 멍!

   멍! 멍!"

언어놀이 4 ✦ 스마트폰 앱 활용하기

말 따라 하기 앱을 활용해보세요. 앱스토어나 구글플레이에서 '말하
는 개', '말하는 고양이', '말하는 앵무새' 또는 'talking tom' 등으로 검색
하면 비슷한 앱들이 나옵니다. 이 밖에 내 목소리를 여러 인물/동물 등
으로 바꾸어주는 앱도 있어요(검색어 'voice changer'). 이런 재미있는 앱들
은 표현이 적은 아이들에게 이런저런 말을 하게끔 유도하는 데 유용합
니다.

TIP 이런 점도 신경 써주세요

평소 말을 잘 안 하는 아이를 보면 자꾸 말을 시키게 됩니다. 하지만 어른의 기대와 달리 아이는 말하기를 피합니다. 그러면 또 어른은 심각한 표정으로 따라 말할 것을 요구해요. 악순환입니다.

만약 아이가 모방에 소극적이라면 다양한 교구를 활용해보세요. 그리고 처음부터 너무 긴 말보다는 짧은 소리(아/어/우/멍멍/빵빵 등)를 따라 말하게 해보고, 그다음 엔 짧은 구절("고양이야, 뭐 해?", "고양이야, 춤춰")을, 이어서 문장("여우야, 여우야 뭐 하니?", "잠잔다~") 순으로 점차 길게 말하도록 유도하세요.

 이런
아이들에게
좋아요

◆ 소리, 구절, 짧은 문장을 모방하는 2~3세 전후의 아이
◆ 말 표현에 소극적인 아이
◆ 대면 상황에서 스트레스를 받는 아이(수줍음이 많은 아이)

05

우리 집에서 보물찾기

활 동 목 표

◆ **낱말 익히기**　　◆ **모양과 사물, 이름 연결하기**　　◆ **사물의 세부 명칭 배우기**

• 보물찾기를 하며 집 안에 있는 사물들의 이름을 배웁니다.

• 사물들의 세부를 표현하는 말을 익힙니다.

• 사물들의 특징을 단순화하여 그림으로 표현합니다.

• 모양과 기능 등 사물들의 속성을 표현합니다.

형태와 이름(명사)을 연결하는 놀이입니다. 이 놀이를 하려면 약간의 사전 준비가 필요합니다. 먼저, 어른이 사물을 단순한 형태로 그려 넣은 쪽지들을 잘 접어서 특정 사물들 아래에 한 장씩 숨겨둡니다. 그리고 아이가 그 쪽지들을 찾습니다. 찾은 쪽지에 그려진 그림 단서를 통해 집에 있는 보물들을 하나하나 찾아갑니다. 활동 순서는 다음과 같습니다.

놀이 순서 1 ◆ 보물 쪽지 만들기

아이 몰래 보물 쪽지를 여러 장 만듭니다. 집에 있는 사물들을 쪽지에 그려넣은 것이 보물 쪽지입니다. 사물 그림은 최대한 단순하게 그려서 아이의 궁금증을 불러일으켜야 합니다. 또한 보물이 될 사물은 모양에 특징이 있으며, 위험하지 않고, 충분히 쪽지를 숨겨놓을 수 있을 만한 것이어야 합니다. 다음을 참고하세요.

보물이 될 만한 사물들

● 리모컨, 시계, 주전자, 선풍기, 블루투스 스피커, 머그잔, 밥솥, 방석, 의자, 분무기, 가방, 모자, 컴퓨터 마우스, 스탠드, 넥타이, 손거울, 화분

모양이 비슷한 사물과 구별하기 어려운 사물은 다음과 같이 특징을 함께 그립니다.

리모컨: 직사각형 + 숫자 버튼

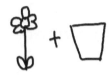

화분: 꽃 + 사다리꼴

시계: 동그라미 + 시곗바늘

블루투스 스피커: 구멍 송송 + 음표

놀이 순서 2 ◈ 숨기기

술래인 아이는 눈을 감거나 뒤로 돌아서서 기다리고, 어른은 보물 쪽지를 잘 접어서 보물들 밑에 하나씩 보이지 않게 숨깁니다.

놀이 순서 3 ◈ 찾기

어른이 첫 번째 쪽지를 공개합니다. 아이가 쪽지에 그려진 그림을 단서로 보물을 찾습니다. 그 보물에는 또 다른 보물에 대한 쪽지가 숨겨져 있습니다. 이런 식으로 리모컨 → 화분 → 시계 → 블루투스 스피커 순서로 보물 찾기 릴레이가 이어집니다.

놀이 순서 4 ◆ 힌트 주기

아이가 어려워하면 어른이 말로 힌트를 줍니다.

놀이 순서 5 ◆ 역할 바꾸기

역할을 바꿔서, 아이가 쪽지를 만들어 숨기면 어른이 찾습니다. 어른은 일부러 찾기 어려운 척하며 아이에게 힌트를 요구합니다.

[뇌를 깨우는 말들]

★ "보물찾기 시간이 돌아왔어요~ 자, 도담이는 잠시 방에 들어가서 간식을 먹습니다. 그동안 엄마가 보물을 숨길 거예요."

★ "이제 나오세요! 보물찾기 시작! 첫 번째 보물은 말이죠, 이겁니다!" (쪽지를 펼치니 리모컨 그림이 나왔습니다.)

★ "오! 찾았군요. 리모컨! 그런데 리모컨 아래에 또 쪽지가 있네요. 뭐죠? 음… 동그랗고 무슨 바늘처럼 생긴 게 옆에 그려져 있네요. 뭘까… 주사기인가?"

★ "뭐야! 시계를 찾았어? 그런데 시계 아래에 또 쪽지가 있네. 도담아 파이팅!" (아이가 쪽지를 찾아 가져옵니다.) "아! 이거? 이건… 사실 여기 앞에 구멍이 송송 뚫려 있어서 거기로 물이 나온다구. 그러니까, 우리가 화분에 물을… 어? 뭔지 알아챘구나!" (아이가 물뿌리개에서 쪽지를 찾습니다.)

043

보물찾기 놀이는 형태-사물-이름을 연결해 이해하도록 도움을 주는 것은 물론 집중력 향상에도 좋습니다. 아이들은 대부분 호기심이 많고 탐색을 좋아하기 때문이에요. 평소 산만하던 아이도 보물찾기에는 기꺼이 집중력을 발휘합니다.

이런 아이들에게 좋아요

◆ 사물의 세부와 특징을 알아가는 3~4세 전후의 아이
◆ 호기심이 많고 관찰을 즐기는 아이
◆ 한 가지 과제에 오래 집중하기 어렵거나 금세 흥미를 잃는 아이

06

그림을 그리며 배우는 말

활 동 목 표

◆ **색깔 이름 배우기** ◆ **모양 관련 낱말 배우기** ◆ **그리기 도구 이름 익히기**

• 동그라미, 네모, 세모, 타원형 등 다양한 모양을 그립니다.

• 길이, 굵기, 밝기 등과 관련한 형용사를 배웁니다.

• 색칠을 하며 색의 상태를 표현하는 말을 배웁니다.

• 펜, 붓, 연필, 물감 등 그리기 도구의 이름을 익힙니다.

• 관련 앱을 활용합니다.

그림 그리기는 아이들이 좋아하는 일상 놀이로, 어른이 함께 하면 다양한 낱말을 알려줄 기회가 됩니다. 아이가 혼자 스케치북에 그림을 그리고 있다면 함께 그려보세요. 자유 그리기를 할 수도 있고, 특정 대상을 모사할 수도 있습니다.

언어놀이 1 ◆ 형태, 상태 관련 낱말 들려주기

이때 어른이 할 일은 색깔(검은색/빨간색/파란색/노란색/흰색 등), 모양(동그라미/네모/세모/오각형, 하트, 둥글둥글, 뾰족뾰족, 길쭉길쭉 등), 굵기(두껍다/가늘다), 길이(길게/짧게), 농도(진하게/옅게/투명하게) 등과 관련한 말을 포함하는 표현을 주고받는 것입니다.

[뇌를 깨우는 말들]

★ "즐거운 낙서 시간이 돌아왔어요. 마구마구 그림을 그려보아요~."

★ "나는 까만색으로 동그라미를 그릴 거야~ 그 안에다가 빨간 세모를 굵직굵직하게 그려 넣어야지!"

★ "시계를 그려볼까? 먼저 동그라미, 그다음엔 길쭉한 시곗바늘~ 아! 색이 너무 어둡네. 우리 밝은색으로 칠해보자. 노란색 어때?"

★ "승준이는 로봇을 그렸구나. 무슨 색으로 칠해볼까? 아! 어깨는 파란색으로 칠하고, 가슴이랑 허리는 노란색, 다리는 흰색으로 칠해보자!"

★ "창밖으로 보이는 나무를 그렸구나. 나무마다 잎의 색깔이 조금씩 다르네. 이 나무의 잎은 초록색이 더 진하고, 여기 이 나무의 잎은 초록색

이 아주 옅어. 참 신기하다, 그치?"

언어놀이 2 ◆ 스마트폰 앱 활용하기

스마트 기기는 메모 앱, 그림 그리기 앱 등 다양한 앱에서 그리기 활동을 지원합니다. 기본 입력 수단은 손가락이지만, 진용 펜을 사용하면 더 정교하게 그릴 수 있습니다.

아이와 함께 그리기 앱을 열어보세요. 팔레트에서 다양한 색과 펜 종류, 굵기를 선택하고 그림을 그립니다. 이 과정에서 해당 색과 모양에 대한 낱말을 충분히 들려주고 표현하게끔 유도하세요.

★ "이건 그림 펜이야. 꾹 누르면 선이 굵어진다. 그리고 실실 그리면 다시 가늘어져. 어때? 신기하지!"

★ (그리기 앱 팔레트를 보며) "여기 큰 동그라미는 이만큼 굵은 선이 나온다는 뜻이야."

★ "볼펜 모양을 선택하면 선이 가늘고, 이 붓 모양은 더 굵고 갈수록 색이 옅어진다."

TIP 이런 점도 신경 써주세요

낙서를 좋아하는 아이라면 종이 대신 '전자 노트'를 이용하세요. 단색이고 굵기를 조절할 수는 없지만 필기감에 차이가 없고 손쉽게 그렸다 지웠다를 반복할 수 있습니다. 종이를 아낄 수 있고, 무엇보다도 아이들이 신기해해요. 포털에서 '부기 노트', '전자 노트' 등으로 검색해보세요.

 이런
아이들에게
좋아요

◆ 색과 모양을 표현하는 다양한 말을 배워가는 3~4세 전후의 아이
◆ 그림과 색에 관심이 많은 아이
◆ 선 그리기를 통해 눈과 손의 협응력을 길러줄 필요가 있는 아이

07

구글아, 지구는 어떻게 생겼니?

활 동 목 표

◆ **새로운 낱말 배우기** ◆ **말 표현 유도하기** ◆ **글자 이해하기**

• 낱말을 검색창에 써넣으며 글자를 배웁니다.
• 사진, 영상 등 검색 결과를 보면서 함께 이야기합니다.
• 음성 검색을 하며 말 표현을 유도합니다.
• 찾을 낱말과 찾은 낱말을 정리하여 어휘 목록을 만들 수 있습니다.

검색으로 아이의 어휘를 늘리는 시간입니다.

아이들이 낱말을 배울 때 가장 좋은 방법은 직접 보고 만지고 느끼는 것이겠지만, 때로 그럴 수 없는 낱말들이 있습니다. 이를테면 지구, 화산, 바퀴벌레, 세균, 곰팡이 같은 것들은 너무 크거나 멀리 있거나 작거나 위험해서 직접 체험하기가 어렵습니다.

스마트 기기들은 이런 낱말들을 의미는 물론 관련 이미지까지 간편하게 구체화하여 보여줍니다. 검색창에 해당 낱말을 써넣으면 그만이에요. 여기서 포인트는 검색법이 아닌 어른과 아이의 대화에 있습니다. 사진과 동영상을 보면서 모양이 어떤지, 느낌이 어떤지, 무엇을 하는지, 어디에 있는지 이야기 나눠보세요.

언어놀이 1 · 문자로 검색하기

먼저, 참조물이 필요해요. 아이가 좋아하는 그림책을 펼칩니다. 거기 나오는 낱말 중 하나를 선택해서 검색엔진에 문자로 입력해요. 결과를 확인하고 함께 이야기하는 식으로 진행합니다. 그림책 외에 참고할 만한 자료들은 다음과 같습니다.

참고할 만한 자료들

- 어린이 백과사전
- 영어 단어카드(한글로 검색)
- 광고 전단에 나오는 낱말
- 플래시 단어카드
- 잡지에 나오는 낱말

언어놀이 2 ◆ 음성으로 검색하기

앞서와 같은 과정으로 진행하되 음성 입력 기능을 활용합니다. 찾을 낱말을 정한 후 아이에게 음성으로 입력하게 합니다. 어른이 먼저 본을 보여도 좋아요. 브라우저 검색창 우측에 있는 마이크 표시를 누르면 해당 기능이 활성화됩니다. 가상 키보드에도 마이크 표시가 있어요. 그 마이크 표시를 누르면 음성 입력을 지원합니다.

[뇌를 깨우는 말들]

★ "즐거운 검색 시간이 돌아왔어요~ 책을 골라보세요. 달님 이야기를 골랐네요. 그럼 이제 검색을 해볼까요~."

★ "여기 마이크 표시 보이죠? 엄마가 마이크 표시를 누르면 유빈이가 '달님'이라고 말할까?"

★ "오! 달님이에요. 초승달도 있고 보름달도 있네요? 저기엔 토끼가 사는 모양이에요. 어떤 달이 좋아요? 한번 눌러보세요." (터치합니다.)

★ "이번에는 구름을 찾아볼까요? 도담이가 말해봐. '시리야, 구름 검색해 줘~'라고."

★ "코로나바이러스가 이렇게 생겼구나. 으. 징그러워. 문어처럼 빨판 같은 게 있다."

★ "'비행기'라고 말해볼까? 오! 여기 이 사진 한번 눌러보자. 여기는 어디야? 아하! 공항이구나!"

★ "여기에 국기가 새겨져 있네. 이건 우리나라 국기야. 태극기라고 해."

★ "우리 외할머니 계시는 동네 찾아볼까? 지우가 한번 말해볼래? '오케이 구글, 성산동 검색해줘~'라고 하면 돼."

★ "자, 오늘은 날씨를 검색해보겠어요. 이렇게 말해봐요. '오늘의 날씨~'."

★ "아침에는 추웠다가 오후가 되면 따뜻해지나 봐. 어! 저녁에 눈이 온대! 와~ 우리 이따 눈 구경 가자!"

TIP 이런 점도 신경 써주세요

검색은 어른 아이 할 것 없이 스마트 기기로 가장 많이 하는 일입니다. 검색하다 보면 내가 지금 무얼 하는지 모르고 빠져들 만큼 정보량이 많습니다. 잠깐 시간을 내서 아이와 함께 검색의 시간을 가져보세요. 검색을 통해 아이는 이런 것들을 배울 수 있습니다.

- **시각적 이미지로 어휘 증진:** 검색 결과는 우리가 아는 대부분의 낱말이 시각 정보로 정리되어 제공됩니다. 실체가 명확한 낱말은 물론, 평화나 사랑처럼 추상적인 낱말도 관련 이미지로 뜻을 짐작할 수 있게 합니다.
- **낱말 표현력 향상:** 음성 검색 기능을 활용하면 아이의 말 표현을 유도할 수 있습니다. 신기해서 아이들이 특히 좋아하는 활동입니다.
- **특징 관찰 및 설명:** 검색 결과로 나온 이미지를 보면서 모양, 색깔, 장소, 행위와 관련된 정보를 설명하는 활동을 할 수 있습니다.

이런
아이들에게
좋아요
- ◆ 추상어 어휘를 늘려가는 시기인 5세 이상의 아이
- ◆ 글자에 관심을 보이거나 일부 통글자를 읽을 수 있는 아이(문자 검색)
- ◆ 말 표현에 소극적인 아이(음성 검색)

08

꼬리에 꼬리를 무는
낱말 릴레이

책상　상장　장미　미술

활 동 목 표

◆ **낱말 연상하기** ◆ **글자 배우기** ◆ **사물의 공통점과 차이점 이해하기**

• 검색창에서 찾은 낱말을 보고 함께 이야기합니다.

• 다음에 찾을 낱말을 정하고 그 이유를 설명합니다.

• 이어지는 낱말의 공통점과 차이점을 이야기합니다.

• 끝말잇기 등의 놀이를 통해 계속해서 낱말을 말합니다.

기본은 일반 검색 활동과 같습니다. 이때 검색 결과를 보면서 연관된 낱말을 계속 찾아봅니다. 예를 들어 '병아리' 검색 결과에서 '개나리'를, '개나리' 검색 결과에서 '해바라기'를, '해바라기' 검색 결과에서 '고흐'를 연결 지어 찾아볼 수 있습니다. 꼬리에 꼬리를 무는 낱말 릴레이는 어휘력과 함께 유추능력(유사성 기반 추리력)을 길러줍니다.

놀이 방법은 다음과 같습니다.

놀이 방법

낱말카드 더미에서 하나를 고른 뒤에 해당 낱말을 검색합니다. 검색 결과를 보고 이야기합니다. 관련 낱말을 하나 더 선택해 검색합니다. 검색 결과를 보고 이야기합니다. 또 하나의 낱말을 선택해 검색하는 식으로 계속해서 낱말을 연결시킵니다.

[뇌를 깨우는 말들]

★ (카드를 뒤섞고 나서) "지우가 한 장 골라주세요~ 짜잔! 가위? 가위를 골랐네? 자, 마이크에 대고 말해보세요 '가위~'."

★ (검색을 하며) "신기한 가위가 많네. 어떤 사진을 구경할까? 이거 어때?"

★ (검색을 하며) "여기가 어디지? 맞아, 미용실이야. 미용실에 뭐가 있나 구경하자. 도담이가 말해보세요. '시리야, 미용실 검색해줘~'라고."

★ (검색을 하며) "미용실도 많구나. 어떤 사진이 좋을까? 어떤 거? 이거?"

★ (검색을 하며) "미용실에서 머리를 깎아요. 이 사진은 머리를 감는 장면

이네. 이건 샴푸 같은데?"

★ (검색을 하며) "샴푸로 검색하니까 머리빗도 보이고, 탈모용 샴푸도 있네.

탈모가 뭐냐고?"

ⓣⓘⓟ 이런 점도 신경 써주세요

다음의 방식으로도 낱말 릴레이를 할 수 있습니다.

- **끝말잇기:** 가위-위장-장미-미나리-리듬체조-조개-개울-울타리-리어카…처럼 끝말잇기 방식으로 합니다.
- **같은 색:** 나비-병아리-바나나-레몬…처럼 같은 색깔로 이어갑니다.
- **같은 범주:** 책상-의자-옷장-침대…처럼 가구라는 범주에 속하는 사물의 이름으로 릴레이를 이어갈 수 있습니다.

♥ 이런
아이들에게
좋아요

- ◆ 사물의 특성과 차이를 구분하는 능력이 발달하는 시기인 5세 전후의 아이
- ◆ 한 가지 과제에 오래 집중하기 힘든 아이

09

찾았다, 다른 그림!

그림을 관찰하고 차이점, 이상한 점을 찾아 말로 설명하는 활동입니다. 그림 곳곳을 살펴보면서 시각적 집중력을 기르는 한편 '~인데', '~지만', '~하고' 같은 어미 활용을 통해 복문장을 구성하는 연습을 할 수 있습니다. 관찰과 비교는 논리적 사고의 바탕이 됩니다.

여기서는 책과 앱을 교재로 사용합니다. 함께 그림을 보며 무슨 차이가 있는지, 왜 이치에 맞지 않는지를 잘 설명할 수 있도록 도와주세요.

언어놀이 1 ◦ 다른 점 찾기

두 개 혹은 여러 개의 그림을 비교해 차이점을 찾고 이를 말로 설명합니다. 서점에서 '다른 그림 찾기' 혹은 '틀린 그림 찾기'로 검색하면 해당 도서를 찾을 수 있어요.

방법은 간단합니다. 함께 그림을 보며 경쟁적으로 다른 점을 찾는 거예요. 중요한 것은 '빨리 찾기'가 아니라 '설명하기'라는 점을 기억하세요.

[뇌를 깨우는 말들]

★ "여기 그림이 두 개 있어요. 무엇이 다를까, 함께 찾아볼까요? 누가 먼저 찾나 경쟁해요."

★ "옳지! 찾았다. 여기는 갈매기가 있는데 여기는 없네?"

★ "어라? 벌써 찾았다고? 뭐가 달라? 아하! 이건 긴데 이건 짧구나! 맞아, 맞아. 이번에는 내가 해볼게."

★ "하나 남았네. 또 뭐가 다르지? 이건가? 이거랑 이거랑 색깔이…."

언어놀이 2 ◆ 이상한 점 찾기

그림을 관찰한 후 이치에 맞지 않는 점을 찾아 설명하는 활동입니다. '이상한 그림 찾기', '이상한 동물 찾기', 'Wacky wednesday' 등으로 검색하면 관련 도서를 찾을 수 있습니다.

[뇌를 깨우는 말들]

★ "그림을 잘 보세요. 이상한 게 있어요. 뭘까요? 함께 찾아봐요."

★ "찾았다! 이거 봐. 자전거를 거꾸로 타고 있어. 이상해요. 자전거를 그렇게 타면 사고가 나요."

★ "또 뭐가 이상하지? 뭐라고? 국수를 먹는데 숟가락을 들고 있네. 그게 왜 이상해? 국수는 젓가락이나 포크로 먹는 게 좋다고? 왜? 숟가락은 불편하다고? 맞아, 맞아. 도담이가 설명을 잘했어요."

★ "다음은 또 뭐가 있나요? 엄마는 정말 모르겠네. 어? 찾았어? 돼지가 왜? 아, 꼬리가 이상하다고? 그게 왜? 아! 꼬리에 저렇게 줄무늬가 있는 건 호랑이라고? 맞아, 설명을 아주 잘했네."

언어놀이 3 ◆ 스마트폰 앱 활용하기

앱스토어나 구글플레이 검색창에서 '다른 그림 찾기', '틀린 그림 찾기' 혹은 'what's different', 'spot it', 'odd out'으로 찾아주세요. 여러 종류가 있지만 기본 사용법은 같습니다.

비교할 두 장의 사진을 직접 만들 수도 있습니다. 이를테면 아침에 베란다에서 내다보이는 풍경을 아침과 저녁에 각각 사진으로 찍습니다. 두 사진을 나란히 놓고 비교하며 다른 점을 말하는 식입니다. 다음을 참고하세요.

● 어린이집에 가기 전과 다녀온 후에 달라진 것들: 복장, 소지품 등

■ 놀이터에 가기 전후　　　　　● 수영장에 가기 전후

■ 자전거 타기 전후　　　　　　● 그림 그리기 놀이 전후

■ 놀이터의 낮과 밤　　　　　　● 천변 공원의 낮과 밤

■ 하늘의 낮과 밤

[뇌를 깨우는 말들]

★ "도담아, 여기 봐봐. 이건 어린이집 가기 전이고 이건 다녀온 다음이야. 뭐가 달라? 그래 맞아. 갈 때는 수수깡 인형이 없었어! 어린이집에서 만들기 했구나?"

★ "오전에는 자전거 바퀴가 깨끗했는데 오후에 찍은 사진엔 바퀴에 진흙이 묻어 있네. 왜 그럴까?"

★ "여기 보니 아이들이 우산을 들고 있네. 맞아! 어제는 비가 왔나 봐."

★ "도담아, 이건 놀이터 사진이야. 언제 찍었을까? 아침일까, 밤일까?"

★ "낮에는 사람이 많았는데 밤에는 텅 비었어요."

 이런
아이들에게
좋아요

◆ 두 개 이상의 문장으로 차이점을 설명하는 방법을 배워나가는 4~5세 전후의 아이

◆ 시각적으로 집중을 오래 하기 어려운 아이

10

숨은그림찾기

=== 활 동 목 표 ===

◆ **보이는 것에 집중하기**　◆ **낱말 배우기**　◆ **비교하여 설명하기**

• 숨은그림찾기를 하며 낱말을 배웁니다.

• 찾을 사물 그림과 주변의 비슷한 사물을 비교하며 이야기합니다.

• '〜 같다', '〜와 비슷하다'와 같은 표현을 배웁니다.

• 그림책이나 관련 앱을 활용합니다.

숨은그림찾기는 누구나 한 번쯤 해봤음직한 놀이입니다. 《월리를 찾아라》처럼 비슷한 모양들 사이에서 특정 사물을 찾는 방식으로 진행합니다. 놀이 방법은 간단해요. 아이는 어른과 함께 숨은 그림을 찾습니다. 그 과정에서 어른은 자연스레 해당 사물의 이름을 반복해서 말하고, 비슷한 사물의 이름을 알려줍니다.

여기서는 책을 교재로 사용하겠습니다. 시중에 관련 책이 많이 나와 있어요. 가급적 다양한 사물이 등장하는 책을 선택해주세요. 그래야 어휘를 늘리는 데 도움이 됩니다.

언어놀이 1 ◆ 찾을 사물 이름 말하기

책을 펼치고 찾을 것을 정합니다. 먼저 찾을 사물의 이름을 하나하나 말해봅니다. 찾을 순서를 정할 수도 있고, 여러 개를 동시에 찾을 수도 있습니다.

[뇌를 깨우는 말들]

★ "도담아, 이거 봐라. 아빠가 숨은그림찾기 책 사왔다. 함께 볼까? 여기 아래에 그려진 그림 있잖아. 이건 신발, 이건 망원경, 이건 부엉이, 이건 모자… 이런 걸 찾는 거야!"

★ "우리 뭐 먼저 찾을까? 오징어? 나비? 좋아! 오징어로 하자! 누가 먼저 찾나 대결~."

★ "이게 뭐냐고? 이건 한치야. 오징어랑 비슷한데, 다리가 더 짧아!"

언어놀이 2 ◆ 헷갈리는 사물의 이름 말하기

책을 펼치고 모양이 비슷해서 헷갈리는 두 사물을 찾아 이름을 말합니다.

[뇌를 깨우는 말들]

★ "도대체 호랑나비가 어디에 있는 거야. 이건가? 아, 이건 나비가 아니라 부채네. 더울 때 시원하게 부치는 부채."

★ "이쪽 아래에 뭐가 있나… 이건 장난감 자동차 같고, 이건 선물상자, 이건 목걸이, 이건 나팔인가? 아, 정말 어렵다."

언어놀이 3 ◆ 집에 있는 사물과 비교하기

책을 펼치고 집에 있는 사물과 비슷하거나 다르게 생긴 사물을 찾아 이름을 말하고 특징을 비교합니다.

[뇌를 깨우는 말들]

★ "찾았다! 망치. 우리 집에 있는 거랑 조금 다르네. 우리 건 앞뒤가 같은데, 이건 한쪽이 뾰족하네."

★ "강아지다, 강아지. 여기 있었네! 도담아, 옆집 강아지랑 동글동글한 게 닮지 않았니?"

언어놀이 4 ◆ 스마트폰 앱 활용하기

앱스토어나 구글플레이에서 'hidden object', 'eye spy', 'find out/it' 등을 키워드로 검색하면 관련 앱을 찾을 수 있습니다. 다음을 참고해서 놀이를 해보세요.

[뇌를 깨우는 말들]

★ "우유를 찾아볼까? 어? 접시들 오른쪽에 뭔가 있다! 확대해볼까?"

★ "그다음은 이거 찾자. 이게 뭐냐고? 아, 이건 홍두깨라는 거야. 밀가루 반죽을 얇게 펼 때 사용하지. 그렇게 해서 칼국수나 수제비를 만들어."

어른과 함께 숨은 사물을 찾으면서 아이들은 다음을 익힐 수 있습니다.

- **사물의 이름:** 놀이를 하는 동안 찾아야 할 사물의 이름을 반복적으로 듣고 말하게 됩니다. 아이들은 그 어느 때보다 집중해요. 마침내 원하는 사물을 찾았을 때 느끼는 성취감은 해당 단어를 특별히 기억하게 합니다. 이런 경험은 어휘를 늘리는 데 큰 도움이 됩니다.

- **시각적 집중력:** '숨겨진' 사물을 찾으려면 시선을 그림에 집중하고 샅샅이 누벼야 합니다. 이런 활동은 건성건성 보거나 한 곳에 오래 시선을 두지 못하는 산만한 아이들에게 집중력을 키워줍니다.

- **위치/방향 설명하기:** 어른이 먼저 찾았다면 곧바로 말하지 않고 아이에게 위치를 설명해줍니다. 그러면 아이는 "○○ 옆에/아래/위에", "○○과 ◎◎ 사이에", "가운데에/귀퉁이에/모서리에"처럼 상대적 위치를 듣고 말하는 연습을 할 수 있습니다.

이런
아이들에게
좋아요

- ◆ 위치와 방향에 관한 어휘를 늘려나가는 3~4세 전후의 아이
- ◆ 건성건성 보거나 한 곳에 오래 시선을 두지 못하는 산만한 아이
- ◆ 글자에 관심을 보이거나 일부 통글자를 읽을 수 있는 아이

11

던져라, 주사위

=== 활 동 목 표 ===

◆ **수를 표현하는 말 배우기** ◆ **간단한 더하기와 빼기**

• 주사위를 던지고 결과를 함께 확인합니다.

• 수를 표현하는 말을 배웁니다.

• 두 개의 주사위를 던져서 나온 값을 더하며 덧셈을 배우고, 두 개의 주사위를 던져서 나온 값을 비교하면서 빼기를 배웁니다.

• 관련 앱을 활용합니다.

주사위 놀이를 하면서 수를 익힐 수 있습니다. 주사위는 숫자가 새겨진 것이 아닌 점이 새겨신 것을 써주세요. 그레야 이이기 수를 양의 개념과 연결지어 생각할 수 있습니다.

아이들은 점이 몇 개인지를 세면서 수의 양적 개념을 이해합니다. 그러고 나면 더하기나 빼기의 원리를 더 쉽게 이해할 수 있어요. 놀이를 하면서 '~이/가 ~보다 크다/작다' 식의 비교 표현을 배울 수 있습니다.

언어놀이 1 ◆ 주사위 한 개 던지기

주사위 하나를 어른과 아이가 번갈아가며 던집니다. 나온 값을 비교해서 수가 큰 사람 혹은 작은 사람이 이깁니다.

[뇌를 깨우는 말들]

★ "우리 주사위 놀이 하면서 과자 먹을까? 이걸 던져서 나오는 개수만큼 먹는 거야. 어때? 도담이 먼저 던져볼래?"

★ "유튜브를 보고 싶다고? 으흠. 방금 봤는데 또? 좋아, 그럼 이렇게 하자. 주사위를 굴려서 수가 아빠보다 많이 나오면 보고, 적게 나오면 못 보고. 어때?"

★ "어디 보자. 주사위 점이 몇 개야? 하나, 둘, 셋, 우와! 다섯 개! 아빠는, 하나, 둘, 애개… 겨우 둘! 좋아. 네가 이겼으니까 약속한 대로 책 읽기 대신 자전거 타러 가기!"

언어놀이 2 ◆ 주사위 두 개 던지기(값 합치기)

익숙해지면 주사위 수를 늘립니다. 두 개의 주사위를 던져서 그 값을 모두 합칩니다. 수가 더 많은 사람 혹은 더 작은 사람이 이깁니다. 물론 이긴 사람은 보상을 받습니다.

[뇌를 깨우는 말들]

★ "아빠는 세 개 하고 여섯 개고요. 3 더하기 6은 아홉 개니까 9! 이제 네 차례야."

★ "오호! 도담이는 둘 다 여섯 개씩 나왔네. 점을 모두 합쳐볼까? 하나, 둘, 셋… 열두 개! 6 더하기 6은 12, 12는 9보다 커요! 도담이 승리!"

언어놀이 3 ◆ 주사위 두 개 던지기(값 제하기)

주사위 두 개를 던집니다. 두 값의 차가 가장 작은 사람이 이깁니다. 예를 들어 아이가 두 개의 주사위를 굴려 각각 4와 1이 나왔다면 아이는 4에서 1을 뺀 3을 결과값으로 가집니다. 어른이 굴린 두 개의 주사위가 모두 같은 수가 나왔다면 결과값은 0으로, 3보다 작아 아이가 승리합니다.

[뇌를 깨우는 말들]

★ "던졌다! 오호라, 여섯 개와 네 개네. 여섯 개에서 네 개를 빼면 두 개가 남아. 엄마는 2! 다음은 도담이 차례!"

★ "오호! 3과 3이 나왔어. 세 개에서 세 개를 빼니까 하나도 없네. 영(0)

　이야, 영!"

언어놀이 4 ◆ 스마트폰 앱 활용하기 ───────

　주사위 앱은 매우 많습니다. 그중 조작이 쉽고 간단한 것, 주사위에 숫자가 아닌 점이 새겨진 것을 써주세요. 그리고 보통 주사위 앱에는 주사위 개수를 추가하는 옵션이 있습니다. 효과음과 배경음을 조절할 수도 있어요. 다만, 가급적 흥미를 유발하는 효과음만 켜주세요. 여러 소리가 뒤섞이면 집중하기 어려우니까요.

Ⓣ🔺Ⓟ 이런 점도 신경 써주세요

아이들은 주사위 던지기를 좋아합니다. '운'이 작용하기 때문이에요. 어른이 아무리 힘이 세도 주사위는 어쩌지 못합니다. 그만큼 아이들이 이길 확률이 다른 놀이보다 높아요. 물론 그렇지 않을 때도 있습니다. 그게 주사위 놀이의 매력이에요.

무언가를 결정해야 할 때, 아이가 떼를 쓰거나 양보하지 않으려 할 때 주사위를 사용해보세요. 수 개념은 물론, 함께 정한 규칙을 따르는 습관도 기를 수 있습니다.

| 이런
아이들에게
좋아요 | ◆ 수 개념과 비교 표현을 이해하고 배우는 4~5세 전후의 아이
◆ 차례 주고받기(상대방-나-상대방-나) 등 간단한 규칙 지키기에 어려움이 있는 아이 |

12

달력에서 생일 찾기

━━━ 활 동 목 표 ━━━

◆ **시간을 표현하는 말 배우기**   ◆ **숫자 배우기**   ◆ **'언제'에 관한 질문 이해하기**

• 달력에 기념일이나 행사 날짜를 기록합니다.

• 예전에 있었던 일이나 앞으로 있을 일을 함께 이야기합니다.

• 요일, 달, 계절, 연도 등과 관련한 낱말을 배웁니다.

• 달력 앱, 일정 관리 앱 등을 활용합니다.

달력에는 한 해 동안 있을 중요한 일정을 표시할 수 있어요. 2월엔 졸업식, 3월엔 입학식이 있습니다. 가족의 생일, 휴가 날짜도 적을 수 있습니다. 엄마와 아빠의 결혼기념일, 나와 가족들의 생일도 표시할 수 있고요.

언어놀이 1 ◆ 일정 체크하기

이외에 여러 기념일을 적어둘 수 있습니다. 여행을 계획한다면 미리 달력에 적어두세요. 그리고 오늘이 여행 가기 며칠 전인지, 이제 여행일까지 며칠이 남았는지 아이와 이야기해보세요. 이를 통해 아이는 날짜를 가리키는 다양한 말을 듣고 배울 수 있습니다.

[뇌를 깨우는 말들]

하루, 이틀, 사흘, 나흘…

★ (달력을 보며) "오늘은 5월 3일이네. 어린이날이 겨우 이틀 남았어. 우리 도담이, 내일모레 뭐 하고 싶어?"

★ "아, 맞다! 사흘 전이 예방주사 접종일이었는데 깜박했네. 병원에 연락해서 다시 예약을 잡아야겠어."

월요일, 화요일, 수요일, 일주일, 이 주일…

★ "일주일만 지나면 벌써 5월이야. 5월에는 어린이날이 있고 어버이날도 있어, 부처님오신날도 있네. 현충일은 언제인가 볼까? 도담아, 달력 좀

넘겨봐. 오! 여기 있네. 6월 6일 현충일! 월요일이다."

★ "도담이, 화요일에는 딸기 농장에 가는구나. 알림장에 쓰여 있네. 그럼
여기 달력에다가도 써넣자. 6월 21일 화요일. 그렇지. 거기 빈 자리에
딸기를 그려."

한 달, 두 달, 석 달, 넉 달…

★ "우리 댕댕이 벌써 많이 컸네. 근데 애가 우리랑 한 식구가 된 게 언제
더라? 달력을 한번 볼까? 도담아, 달력을 앞으로 넘겨줄래? 한 장 더.
그렇지, 거기 있다. 어이쿠! 벌써 하나, 둘, 셋. 석 달이나 됐네!"

★ "도담이 키가 얼마나 컸나, 한번 볼까? 아빠가 두 달 전에 달력에 적어
놓았거든. 달력 가져와볼래?"

작년, 올해, 내년, 봄·여름·가을·겨울…

★ "도담아, 달력이야. 새로 샀어. 이제 곧 새해가 되잖아. 우리 여기다 내
년에 무엇을 할지 계획을 세워보자. 올해에는 우리가 이사를 했잖아.
그래서 어린이집도 옮겼고. 내년에는 도담이 뭐 하고 싶어?"

★ "우리, 달력 구경할까? 1월부터 보자. 그림이 멋지네. 겨울 산이야. 2월
은 뭐지? 아, 한복 그림이네. 설날이 그때 있구나. 3월부터는 봄이라 노
란 병아리 그림을 넣었나 보다."

언어놀이 2 ◆ 스마트폰 앱 활용하기

스케줄 관리 앱을 활용합니다. 보통은 기기에 기본적으로 설치되어 있습니다. 아이랑 함께 앱을 열고 언제 무엇을 할 예정인지 써넣습니다. 아이에게 중요한 날이 있다면 그날에 무엇을 할지, 그렇다면 오늘은 무엇을 준비해야 하는지도 적습니다.

TIP 이런 점도 신경 써주세요

시간, 날짜와 관련한 낱말은 아이들이 배우기 어려워하는 어휘 중 하나입니다. 만질 수도 볼 수도 없는 시간과 날짜를 개념화하는 데는 많은 경험이 필요하거든요. 달력은 시간과 날짜를 수와 결합함으로써 아이들이 지나간 시간, 앞으로 올 시간을 직관적으로 이해할 수 있게 도와줍니다. 집 안 곳곳에 달력을 걸어놓고 오늘과 내일에 대해, 앞으로 겪게 될 일들과 이미 겪은 일들에 대해 이야기해주세요.

 이런
아이들에게
좋아요
◆ 시간과 계절을 이해하고 표현하는 시기인 5세 이상의 아이
◆ '언제'라는 질문에 당황하거나 대답하기 어려워하는 아이
◆ 시제 표현에 서툰 아이

ㄱㄴㄷ

13

옷장 정리하기

―――――――― 활 동 목 표 ――――――――

◆ 옷의 이름 배우기 ◆ 옷의 종류와 상태를 표현하는 말 배우기

◆ 새로운 낱말 배우기

• 다양한 옷의 이름과 옷의 부분을 가리키는 말을 배웁니다.

• 어른과 아이, 때와 장소에 따라 입는 옷의 종류를 알려줍니다.

• 옷을 정리하면서 옷 상태에 관해 이야기합니다.

우리 집 옷장에는 많은 옷이 있습니다. 아이 옷에서 어른 옷까지, 그 이름과 쓰임도 다양해요. 아이와 함께 옷 정리를 하면서 옷과 관련한 말 표현을 알려줄 수 있습니다. 다음을 참고하세요.

언어놀이 1 ◆ 옷장 살피기 ───────

옷장을 열고 어떤 옷들이 있는지 살펴봅니다.

[뇌를 깨우는 말들]

★ "도담이 옷장을 한번 열어볼까? 여기 뭐가 있나~ 점퍼랑 파카가 있고 멜빵바지도 있네. 저 끝에 있는 건 원피스 같은데, 안 입는 건가? 이제 봄이 되었으니까 겨울옷은 따로 정리하자. 엄마가 겨울옷을 줄 테니까 거실로 가져가서 차곡차곡 쌓아놓을래?"

★ "청바지랑 면바지, 양복바지가 있고… 이건 잠옷, 이건 점퍼, 이건 코트, 이건… 어휴, 무슨 옷이 이렇게 많지. 도담아, 이 중에서 아빠가 잘 안 입는 거 골라낼 테니까 받아서 저기 둬. 아빠 옷 먼저 정리한 다음에 네 것도 하자."

★ "아래 서랍에 보면 속옷들이 있을 거야. 그 위의 서랍에는 겨울에 쓸 목도리랑 장갑, 귀마개 같은 걸 넣어둔 거 같은데, 맞나 모르겠다. 도담아, 엄마가 이거 정리하는 동안 네가 서랍 열고 뭐뭐 있는지 알려줄래?"

언어놀이 2 ◆ 상태에 따라 분류하기

옷을 정리하면서 상태가 어떤지 구체적으로 이야기합니다. 그러면서 버릴 것과 수선할 것, 세탁소에 맡길 것을 골라요.

[뇌를 깨우는 말들]

★ "이건 단추가 떨어졌네. 다시 달면 되고. 이건 밑단이 헤졌네. 안 되겠다. 이건 색이 바랬고, 저건 구멍이 났으니까 둘 다 버리는 걸로 해야겠어. 도담아, 바구니 좀 가져다줄래. 아빠가 지금부터 주는 건 버리는 거니까 그 안에 넣어줘."

★ "이런! 허리가 안 맞네. 통도 좁고. 아깝다. 작년에 큰이모가 사준 건데. 도담아, 벗어. 이것도 입어보자. 이번 기회에 작아진 옷들은 모두 내놓아야겠어."

★ "이건 양모로 만든 거라 물빨래를 하면 안 돼. 그럼 옷이 줄어들거든. 세탁소에 맡겨서 드라이클리닝을 해야겠다. 도담아, 이건 저쪽에 두세요. 그리고 이건 뭐라고 쓰여 있나 볼까? 물 온도 40도로 세탁. 세탁기, 손세탁 가능. 좋아. 이건 세탁기로 빨면 되겠다."

언어놀이 3 ◆ 정리하기

세탁소에 맡길 옷들을 정리하여 가져갑니다. 보관증을 받아 집으로 돌아옵니다. 버릴 옷은 의류 수거함에 넣습니다.

★ "가죽점퍼는 드라이클리닝 맡겼고, 원피스는 레이스 쪽이 얼룩이 심한
   데 집에서는 뺄 수 없어서 말끔하게 지워달라고 했어. 삼 일 후에 찾으
   러 오라네."

★ "도담아, 아빠랑 요 아래 의류 수거함 있는 데로 가자. 너는 작은 봉투
   에 담은 걸 들고 와. 예전에 입던 옷들 모아둔 거야. 이젠 작아서 못 입
   으니까, 필요한 사람들 입으라고 보내주자."

 이런 점도 신경 써주세요

빨래하기, 옷 정리하기, 옷 수선하기, 세탁 맡기기는 아이와 함께 할 수 있는 집안일
입니다. 정리하면서 옷의 이름과 상태, 옷 관리 방법 등을 아이에게 알기 쉽게 설명
해주세요.

♥ 이런
　 아이들에게
　 좋아요
　　◆ 의류와 관련한 다양한 어휘를 배우는 4~5세 전후의 아이
　　◆ 집안일에 흥미를 보이는 아이
　　◆ 긴 문장으로 지시하면 당황하거나 금세 까먹는 아이

14

일상 사진 찍기

사진 앨범 보기는 훌륭한 언어 발달 교구입니다. 사진이 디지털화하면서 앨범을 볼 기회가 줄었지만, 아이와 함께 이야기 나누는 일은 여전히 가능해요.

인상적인 장면을 휴대폰으로 찍은 후에 아이와 함께 보며 이야기 나누세요. 그 과정에서 아이는 상황을 묘사하는 다양한 동사와 형용사를 배울 수 있습니다. 또한 하나의 사건을 시간의 흐름에 따라 세분화해서 이해하고, 적절한 시제로 설명하는 법을 배울 수 있어요.

언어 발달을 돕는 사진 활용하기 요령은 다음과 같습니다.

언어놀이 1 ◆ 사진 찍기

사진을 찍을 때는 배경보다 '인물'과 '행동'에 초점을 맞춰주세요. 그런 식으로 아이가 노는 모습, 자는 모습, 밥 먹는 모습 등 아이의 일상을 사진에 담습니다.

이때 하나의 행위를 세분화해서 찍어주세요. 예를 들어 식사하는 모습을 담는다면 음식을 가져오는 장면, 그릇에 음식을 담는 장면, 수저를 드는 장면, 음식을 먹는 장면, 컵을 잡는 장면, 물이나 음료를 마시는 장면, 컵을 내려놓는 장면 식으로 나누어 찍습니다.

언어놀이 2 ◆ 앨범 정리하기

그동안 찍은 사진을 행위별로 나눕니다. 나중에 찾아보기 쉽게 앨범 제목도 '밥 먹기', '옷 입기', '그림 그리기', '공놀이하기'와 같이 행위 중심으로 정하세요. 그런 다음 각 앨범에 들어갈 사진을 4~6컷씩 넣고 시간순으로 정렬합니다.

예를 들어 '그림 그리기' 앨범이라면 '스케치북 펼치는 도담이 → 크레파스를 잡는 도담이 → 그림 그리는 도담이 → 색칠하는 도담이 → 도구를 정리하는 도담이' 사진을 담습니다.

[뇌를 깨우는 말들]

식사 장면

★ "수저를 들어요." → "밥을 퍼요(국을 떠요)." → "씹어요(삼켜요)." → "입을 닦아요."

★ "포크를 들어요." → "사과를 찍어요." → "입에 넣어요." → "씹어요(삼켜요)."

요리 장면

★ "냄비에 물을 담아요." → "물을 끓여요." → "라면을 넣어요." → "파와 달걀을 넣어요." → "면이 다 익으면 그릇에 담아요."

그림 그리기 장면

★ "색연필을 꺼내요." → "색연필을 잡아요." → "그림을 그려요." → "색칠을 해요."

★ "뚜껑을 열어요." → "후, 불어요." → "비눗방울이 날아가요." → "비눗
  방울을 쫓아가요."

물건을 정리하는 장면

★ "방이 지저분해요." → "상자를 가져와요." → "장난감을 상자에 담아
  요." → "방이 깨끗해졌어요."

텔레비전 보는 장면

★ "리모컨을 들어요." → "버튼을 눌러요." → "텔레비전이 켜졌어요." →
  "〈뽀로로〉가 나와요." → "용찬이가 재미있게 봐요."

언어놀이 3 ◆ 함께 사진 보며 이야기하기 —————————

함께 사진을 보면서 이야기합니다. 다음의 방식을 참고하세요.

[뇌를 깨우는 말들]

단문장(간단한 문장)으로 쉽게 설명하기

★ "어? 우리 지우 뭐 하지?" → (다음 사진) "놀이터에서 모래놀이하는구
  나~ 다음 사진 볼까? 지우가 넘겨볼래?" → (다음 사진) "하하, 삽으로
  모래를 파고 있네. 뭘 하려는 거지? 사진 넘겨주세요~." → (다음 사진)
  "오, 이건 뽀로로 집 같은데, 맞아?" → (다음 사진) "어? 지우가 울고 있

네. 왜 그랬어? 아하, 지우가 만든 뽀로로 집이 무너졌구나. 잉잉."

질문하며 올바른 시제 표현을 유도하기

★ (현재형) "뭐 해?" → "아하! 세수하는구나."

★ (과거형) "뭐 했어?" → "오! 맞아, 스티커 붙였어!"

★ (현재진행형) "뭐 하고 있어?" → "색칠하고 있구나! 와, 정말 재밌겠다."

시간 순서대로 보면서 다음 장면 예측하기

★ "블록 놀이를 하는구나. 그다음엔 뭐 했을까?" → (다음 사진) "아하! 우리 유빈이, 블록 놀이한 다음에 그림책 봤구나~."

★ "아빠랑 달리기 경주하네. 그러다 무슨 일이 생겼더라?" → (다음 사진) "아, 어떡해! 뛰어가다 넘어졌어. 아파요."

어른이 말을 완성하지 않고 아이에게 뒷말을 채우도록 유도하기

★ (어른) "지우 뭐 했어? 물을?" → (아이) "틀었어." → (어른) "맞아, 지우가 물을 틀었어."

사진을 마지막 장면부터 역순으로 설명하기

★ "수건으로 닦았어요." → "그 전에 물로 헹궜어요." → "그 전에 비누칠을 했어요." → "그 전에 얼굴에 물을 묻혔어요." → "그 전에 세면대에 물을 담았어요."

스마트폰 카메라는 아이들의 언어 발달을 돕는 훌륭한 교구입니다. 바로 다음과 같은 특징 때문이에요.

- **'순간'을 저장:** 사진은 시간을 담고 동영상은 시간의 흐름을 담습니다. 언어 발달 측면에서 이는 문법적으로 '시제'와 연결됩니다. 과거에 일어난 일은 과거시제로 설명하는 데 활용할 수 있습니다. 동영상이라면 영상 속 장면을 현재진행형으로 설명하거나, 화면을 정지하고 이후에 일어날 일을 미래시제로 설명하는 연습을 할 수 있습니다. 이러한 연습을 통해 과거-현재-미래의 흐름을 이해하고, 직접 보고 만질 수 없는 '시간'을 언어적으로 개념화할 수 있습니다.

- **장면을 연출:** 있는 그대로를 담을 수도 있지만 특정 장소, 특정 사물, 특정 행위 등을 의도적으로 연출할 수 있습니다. 언어 발달 측면에서 이는 사물, 장소, 행위, 방향, 위치, 상태 등과 관련한 다양한 어휘를 늘리는 데 활용될 수 있습니다.

- **장면을 확대 혹은 축소:** 사진은 전체에서 부분으로 확대해 집중할 수 있으며, 반대로 전체 맥락 안에서 부분을 바라볼 수 있습니다. 사물 일부를 보여주고 전체를 파악하거나, 특정 장소를 세분화해 살펴볼 수 있습니다. 맥락을 통한 낱말 학습은 어휘력 향상에 가속도를 붙여줍니다.

 이런
아이들에게
좋아요

- ◆ 자기 경험을 언어적으로 재구성하는 능력을 키워나가는 4~5세 전후의 아이
- ◆ 자신이 속한 장소와 시간을 특정하여 이해하는 데 어려움이 있는 아이
- ◆ 과거의 사건을 언어적으로 재연하는 데 어려움이 있는 아이

15

동영상 활용하기

활 동 목 표

◆ 들리는 소리에 집중하기   ◆ 소리와 사물을 연결 짓기   ◆ 추론하기

• 스마트 기기에서 동영상을 플레이한 후 소리만 듣고 무슨 일이 있었는지 함께 추리하고, 그 렇게 생각한 이유를 설명합니다.

• 소리를 듣고 무슨 물건인지 알아맞힙니다.

• 관련 앱을 활용합니다.

스마트폰의 동영상 기능을 통해 소리도 담을 수 있습니다. 어린이집 행사 때 씩은 동영상이 있다면 소리만 듣고 어떤 상황인지 알아맞히는 게임을 해보세요. 일부러 집 안을 돌아다니며 사물들에서 나는 소리를 동영상으로 담아 퀴즈를 내보세요. 스마트 기기에 담긴 동영상은 추억을 되살리고 대화를 이어주는 훌륭한 소재가 됩니다.

언어놀이 1 ◆ 무슨 일이 생겼는지 알아맞히기

아이의 실내외 활동, 생일 파티, 놀이공원에서의 활동 등 특별한 장면을 담은 동영상을 준비합니다. 함께 영상 없이 소리만 들으면서 무슨 일이 벌어지는지, 어떤 날인지 알아맞히게 합니다. 이때 어른이 소리에 대한 단서를 해석하면서 힌트를 주어요. 놀이에 익숙해지면 역할을 바꾸어 아이가 어른에게 문제를 냅니다.

[뇌를 깨우는 말들]

★ "음… 폭죽 터지는 소리 같은데? 아닌가? 어! 생일 축하 노래잖아?"

★ "이건 용찬이 목소리 같은데… 우리 집에 놀러 왔었나? 멀리 자동차 소리도 들리고, 삐그덕 소리도 들리고. 뭘까?"

★ "아하! 놀이터에서 노는 거였구나. 맞아, 맞아. 도담이가 맞혔네~."

★ "와, 되게 시끄럽다. 사람들이 많이 왔나 봐. 어디 들어보자, 또 무슨 소리가 있나… 뭐라고? 아, 선생님 목소리라고? 맞아, 그러네. 선생님이 초록반을 소개하고 있어."

★ "아하! 그렇구나. 어린이집 장기자랑 대회였구나. 우리 지우가 맞혔네~ 아빠가 먼저 맞힐 수 있었는데, 아깝다!"

활용할 수 있는 낱말들

- 놀이공원: 안내 방송, 놀이기구 소음, 이용자들 소음, 어른과의 대화
- 생일 파티: 아이들과의 대화, 노래, 폭죽 소리
- 놀이터: 뛰어노는 아이들 소리, 놀이기구 소음, 어른과의 대화
- 체험 활동: 선생님의 설명, 아이들끼리의 대화
- 결혼식: 사회자의 진행 소리, 결혼식장 음악, 행사 소음
- 반려동물과의 한때: 동물 소리, 주변 사람들의 말, 기타 소음

언어놀이 2 ◆ 우리 집에 숨은 소리들 찾기

집 안에 있는 소리 나는 사물들(청소기, 세탁기, 시계, 변기 등)의 작동 장면을 동영상에 담습니다. 아이에게 소리만 들려준 후 무엇인지 알아맞히게 합니다.

[뇌를 깨우는 말들]

★ "자! 오늘의 퀴즈 대결! 한번 맞혀보세요. (스마트 기기를 몸 뒤로 감춘 채 소리만 들려줍니다.) 자, 무슨 소리일까요?"

★ "오! 맞아요. 망치 소리예요. (동영상을 보여주며) 아빠가 망치로 나무를 두드리고 있어요."

★ "윙윙 소리가 들리네. 이건 뭘까? 힌트! 이건 여름에 우리를 시원하게

해줘요."

★ "불소리가 나네. 오골오골 소리도 나고. 뭘까?"

★ (화면을 보여주며) "그래, 맞아! 유빈이 양치하는 소리였어!"

★ "이번에는 도담이가 문제를 내볼까요? 엄마가 맞혀볼게요."

★ "힌트! 동그랗고 바늘이 있고 시간을 알려줘요!"

활용할 수 있는 낱말들

- 사물: 청소기 소리, 세탁기 소리, 선풍기 소리, 에어컨 소리, 악기 소리, 자동차 클랙슨 소리, 자전거 소리
- 행위: 양치질, 세수, 샤워, 톱질, 망치질, 가위질, 설거지, 뚜껑 따기, 손톱 깎기, 책장 넘기기, 변기 물 내리기

언어놀이 3 ◆ 스마트폰 앱 활용하기

아이들은 감각을 통해 사물의 속성을 파악합니다. 소리 듣고 이름 대기, 소리 듣고 모양 맞히기 등의 활동은 아이들이 사물과 감각을 연결 짓고 언어화하는 데 큰 도움이 됩니다. 앱스토어/구글플레이에서 'sound touch' 혹은 'touch sound'를 키워드로 검색하면 다양한 소리-그림 앱이 나와요. 아이가 선호하는 방식에 맞게 선택하세요. 오프라인이라면 '소리 나는 그림책' 류의 도서를 활용할 수 있습니다.

일상에는 다양한 소음이 있습니다. 소리 듣고 맞히기 활동은 아이들에게 다음과 같은 능력을 길러줍니다.

- **청각적 집중력:** 화면 없이 온전히 소리에만 집중하는 연습을 할 수 있습니다.

- **소리와 사물을 연결 짓기:** 청각 정보와 사물을 언어적으로 연결하는 연습을 할 수 있습니다.

- **추리하기:** 소리 단서로 상황과 배경을 추리하는 연습을 할 수 있습니다.

이런
아이들에게
좋아요

- ◆ 모방에 소극적이거나 말 표현이 부족한 아이
- ◆ 소리에 둔감한 아이
- ◆ 눈과 손의 협응력을 기르는 연습이 필요한 아이(터치 앱 활용)

16

인공지능 활용하기

활 동 목 표

◆ **질문하기 연습** ◆ **문장 표현 유도하기** ◆ **정확한 발음 연습하기**

- 인공지능 비서를 실행시키고 날씨, 뉴스, 교통 상황 등 궁금한 점을 묻게 합니다.
- 사물인터넷(IoT) 기능을 활용하여 문장 표현을 유도합니다.
- 또박또박 말하는 연습을 합니다.

스마트 기기는 인공지능 비서 서비스를 지원합니다. 이를 활용하면 아이에게 다양한 말 표현을 유도할 수 있어요. 아이오에스(ios) 체제의 기기라면 측면 버튼(홈 버튼이 있는 기종은 홈 버튼)을 길게 누르세요. 시리(Siri)가 활성화됩니다. 안드로이드 체제의 기기는 홈 버튼(●)을 길게 누릅니다. 구글 어시스턴트(Google Assistant)가 음성 입력을 기다릴 거예요.

사물인터넷(IoT)을 구성하면 인공지능 비서로 기기를 통제할 수 있습니다. 아이들이 신기해해요. 그러면서 자연스럽게 문장 표현도 유도할 수 있습니다. 다음을 참고해주세요.

[뇌를 깨우는 말들]

날씨, 시간 묻기

★ "도담아, 오늘 날씨 한번 알아볼까? (인공지능 비서를 활성화합니다.) 여기다 대고 '오늘 날씨 어때?' 이렇게 말해."

★ "우리 여행 가는 날은 날씨가 어떨까? 한번 물어볼까? 이렇게 말해. '시리야, 이번 주 일요일 날씨 어때?'"

★ "엄마 약속이 2시인데, 늦었을까? 도담아, 시리한테 지금 몇 시냐고 물어볼래?"

★ "도담아, 구글한테 오늘 〈우리 애가 달라졌어요〉 프로그램 몇 시에 하느냐고 물어봐줄래?"

★ "〈뽀로로〉 농영상 보고 싶다. 도담아. 시리에게 '〈뽀로로〉 동영상 찾아

줘'라고 말해줄래?"

★ "도담아, 혹시 유튜브에 훌라후프 동영상이 있을까? 구글한테 물어봐

줄래?"

★ "종이접기 하고 싶다. 시리에게 '종이접기 보여줘'라고 말할까?"

★ "지하철을 타고 가야 하는데 길을 한번 알아보자. 도담아, '어린이 공원

가는 길 알려줘'라고 할래?"

★ "지금 차가 많이 밀릴까? 도담아, 구글한테 지금 교통 상황을 물어볼래?"

★ "도담아, 엄마가 신기한 거 보여줄게. 자, 이렇게 말해봐. '거실 등 켜줘'."

★ "도담아, 이것 봐라. '구글, 텔레비전 켜'. 어때, 진짜 켜졌지? 그럼 이제

도담이가 꺼볼래? 오! 꺼졌다. 잘했네, 잘했어."

TAP 이런 점도 신경 써주세요

요즘 인공지능 스피커를 쓰는 가정이 늘고 있습니다. 보통은 처음에 신기해서 한두 번 사용하다가 나중에는 일반 스피커로 쓰는 경우가 많아요. 아이들이 있는 집이라면 이를 적극적으로 활용해보세요. 평소 말이 없던 아이도 자기 명령에 따라 텔레비전이 켜지고 전등이 꺼지는 장면을 보게 된다면 자꾸만 스피커 앞으로 가게 될 거예요. 아직 인공지능 스피커의 음성 인식이 불완전하다는 점도 아이에게는 도움이 됩니다. 좀 더 분명한 발음으로 또박또박 말하게 할 수 있으니까요.

이런 아이들에게 좋아요

◆ 다양한 서술어를 익히고 이를 응용해 문장을 구성해나가는 4~5세 전후의 아이
◆ 발음이 어눌하여 명료하게 말하는 연습이 필요한 아이
◆ 말 표현에 소극적인 아이

17

반려동식물 관찰하기

─── **활 동 목 표** ───

◆ **시간에 따른 변화 이해하기**   ◆ **사물의 부분과 관련된 어휘 익히기**   ◆ **비교 표현하기**

• 동식물의 변화를 관찰하며 시간의 흐름을 언어적으로 이해하고 표현합니다.

• 동식물의 각 부분을 가리키는 말, 상태를 표현하는 말을 배웁니다.

• 차이를 비교하고 표현합니다.

• 관련 앱을 활용해 기록합니다.

아이들은 반려동물을 좋아합니다. 반려동물과 어울려 노는 일은 아이들의 언어 발달과 사회성 증진에 도움이 돼요. 반려식물도 마찬가지입니다. 반려동식물은 천천히 조금씩 자라며 우리에게 변화를 보여주고 이야깃거리도 줍니다. 여기, 집에서 키우는 식물과 동물을 소재로 대화를 이끄는 방법을 소개합니다.

언어놀이 1 ◆ 반려식물의 변화 기록하기

식물의 생장은 상태의 변화를 극적으로 보여줍니다. 씨앗-싹-잎사귀-줄기-꽃-열매로 이어지는 외적 변화는 아이들의 호기심을 자극해요. 씨를 뿌린 날을 기록하고 물을 주는 장면, 싹이 나오는 장면을 기록해주세요. 나중에 함께 살펴보면서 그동안 어떤 일들이 생겼는지 이야기 나눕니다.

[뇌를 깨우는 말들]

★ "도담아, (사진을 보며) 이때는 빈 화분이었는데 지금은 어때? 맞아, 어느새 싹이 나고 잎이 자라서 이렇게 컸어!"

★ "도담아, 이리 와서 여기 좀 볼래? 신기하네. 지난번이랑 달라. 봉오리가 생겼어."

★ "사진을 보니까 베란다에 반소매 옷이 널렸네. 여름인가 보다. 맞아, 여름에 씨를 심었구나!"

언어놀이 2 ◆ 반려동물 일기 쓰기

　동물은 외적 변화가 식물보다 덜합니다. 몸집이 커질 뿐이에요. 그래서 기록을 자세히 하는 것이 좋습니다. 반려동물의 키와 몸무게를 써넣는다거나 옷, 액세서리, 각종 용구, 식사량 등의 변화를 기록하면 나중에 비교할 수 있어요. 반려동물이 예방접종을 한 날, 목욕한 날, 털을 깎은 날 등도 기록해보세요.

[뇌를 깨우는 말들]

★ "이때는 완전히 아기였네. 눈도 못 뜨네. 귀여워라. 그런데 벌써 이렇게 컸다니."

★ "지금 보니까 털 색깔이 짙어지고 귀는 쫑긋해졌어. 성격도 조금 온순해졌다고 할까? 처음에는 얼마나 짖어댔는데. 여기 쓰여 있잖아. 이모 손가락 물어서 혼났다고."

★ "이건 입양한 날 찍은 사진이야. 날짜도 있네. 목에 걸린 방울은 지금은 없앴어. 시끄럽더라고. 대신 인식표를 달아주었단다. 나중에 잃어버리면 찾을 수 있게."

★ "우리 냥이 그사이 몸무게가 2킬로그램이나 늘었네. 배도 조금 불룩하니, 살이 쪄 보이지 않아?"

언어놀이 3 ◆ 스마트폰 앱 활용하기

앱스토어나 구글플레이에서 '반려동물 기록'으로 검색하면 반려동물 일기 쓰기 관련 앱이 나옵니다. 다양한 기능이 있지만, 기본은 사진을 올리고 상태를 글로 기록하는 방식이에요. 아이와 함께 사진을 찍고 그 순간의 상태를 표현하는 말을 적어보세요. 반려동물의 외모, 상태, 특별한 사건, 앞으로 할 일 등을 말하고 과거의 기록을 살피다 보면 그동안의 변화를 언어적으로 이해할 수 있어요.

T!P 이런 점도 신경 써주세요

변화를 가리키는 말은 다양합니다. 어떤 사물은 그 속성이 변해도 이름은 변하지 않습니다. 사과는 상해도 '사과'입니다. 옷은 낡아도 '옷'이에요. 그러나 속성이 변할 때마다 새로운 이름을 얻는 사물도 있습니다. 푸르던 '나뭇잎'은 노랗게 물들어 '단풍잎'이 되었다가 땅에 떨어져 '낙엽'이 됩니다. '병아리'는 자라서 '닭'이 되고, '송아지'는 자라서 '소'가 됩니다. 아이들이 이렇게 상태에 따라 변하는 말을 배우기는 쉽지 않지만, 그런 말을 자주 들으면 도움이 됩니다. 다음을 참고해 일상에서 변화를 표현하는 말들을 들려주세요.

- **날씨와 계절:** 하루의 날씨를 관찰하고 야외에서 체험활동을 하며 다음과 같은 계절의 변화에 대해 이야기해보세요.
  - '아침'에 길었던 그림자가 '낮'에는 짧아졌다가 '밤'에는 다시 길어집니다.
  - 비가 오면 땅이 '젖고', 해가 뜨면 다시 '마릅'니다.
  - 봄이 되면 겨울 내내 단단했던 얼음이 녹습니다.

- 매미는 '여름'이면 나타났다가 '가을'이면 사라집니다.
- 가을에 '피었던' 코스모스는 겨울이 오면 '시들어요'.

- **몸과 기계:** 우리의 몸은 시간에 따라 상태가 변합니다. 집에서 사용하는 기계들은 어떨까요? 변화를 만들거나 스스로 변합니다. 몸의 반응과 기계 작동의 전후를 살피며 다음과 같은 변화를 이야기해보세요.
- 운동을 하면 땀이 나고, 밥을 먹으면 졸립니다.
- 감기에 걸리면 기침을 하고, 늦잠을 자면 아침에 피곤해요.
- 물을 냉장고에 넣으면 얼음이 되고, 전자레인지에 넣으면 뜨거워집니다.
- 에어컨을 틀면 시원하고, 보일러를 틀면 따뜻해요.

- **살림:** 빨래, 청소, 설거지처럼 매일 반복적으로 하는 일은 변화를 수반합니다. 아이와 함께 다음과 같은 변화를 관찰해보세요.
- 옷은 빨래하기 전엔 '더럽'지만 하고 나면 '깨끗'해집니다.
- 빨래를 널 때는 '축축'하고 색이 '어두웠'다가, 햇살 비치는 곳에 내놓으면 말라서 '빳빳해'지고 색은 '밝아집'니다.
- 청소를 하기 전에는 '지저분'했는데, 청소를 마치고 나니 '깨끗'하고 '말끔'해졌습니다.
- 기분도 달라져서 방 정리를 하기 전에는 '답답'했는데 정리를 다 하고 나니 '상쾌'합니다.

이런
아이들에게
좋아요

- ◆ 변화를 이해하고 말로 설명하는 법을 배우는 4~5세 전후의 아이
- ◆ 동식물에 관심을 보이며 관찰하기 좋아하는 아이

18

음식으로
대화하기

━━━━━━ 활 동 목 표 ━━━━━━

◆ **음식·맛과 관련한 어휘 익히기** ◆ **시간·위치·거리 이해하기** ◆ **자기 생각 말하기**

• 음식의 종류와 범주를 표현하는 말을 배웁니다.

• 맛과 조리법 관련 어휘를 익힙니다.

• 음식점의 위치와 거리를 언어적으로 이해합니다.

• 자기 취향과 선호를 표현하고, 다른 사람과 생각을 나눕니다.

• 관련 앱을 활용합니다.

우리말에는 유독 음식과 관련된 어휘가 많습니다. 음식의 이름은 물론 식재료와 맛, 소리 방법을 이르는 말노 무적 다양해요.

아이들은 어른들이 김치는 왜 맵고 간장은 왜 짜다고 말하는지 궁금해해요. 낱말을 배우는 데 꼭 단어카드나 책, 학습지가 필요한 건 아니에요. 일상에서 음식 관련 낱말을 배울 기회는 많습니다. 그중 하나가 배달 앱으로 음식 주문하기예요. 함께 리뷰를 보고 음식을 고르면서 아이들의 호기심을 채우고 어휘도 늘려보세요.

언어놀이 1 ◆ 음식의 종류와 이름 살펴보기

배달 앱을 열면 마치 전단지처럼 여러 음식 이미지가 펼쳐집니다. 선택하기 쉽도록 한식, 중식, 일식, 양식, 찌개, 구이, 탕과 같이 범주화되어 있어요. 메뉴를 보면서 이런저런 음식을 함께 구경해보세요.

[뇌를 깨우는 말들]

★ "도담아, 우리 저녁으로 뭘 먹을까? 여기서 한번 찾아볼래? (앱을 엽니다.) 여긴 중식, 여긴 한식. 응? 중식이 뭐냐고? 아, 중식은 중국 음식의 줄임말인데…."

★ "찜과 탕이라… 구이도 있네! 도담이는 생선구이 같은 거 좋아해? 뭐 있나 한번 볼까? 아유, 생선만 있는 게 아니네. 삼겹살, 민물장어구이, 갈비구이…."

★ "피자는 뭐가 있을까? 여기 땡땡피자 한번 보자. 스페셜 메뉴에 랍스터

통구이가 있고 슈림프가 있는데… 랍스터? 아, 랍스터는 바닷가재고, 슈림프는 새우를 말해. 음, 맞아. 그 수염 난 새우."

언어놀이 2 ◆ 맛과 평가 보며 선택하기

리뷰를 읽어보면 맛에 대한 평가가 많습니다. 보통은 '맛있다'로 끝나지만 '신선하다', '달콤하다', '시원하다' 등 좀 더 구체적인 표현이 나오기도 합니다. 음식점의 리뷰를 함께 보면서 아이가 어떤 맛을 원하는지 이야기해보세요.

[뇌를 깨우는 말들]

★ "도담아, 이 집 피자는 좀 싱겁다는데? 괜찮아? 매운 것보다 낫다고? 그래, 그렇겠네. 좋아. 그럼 이걸로 하고, 포테이토 피자랑 치즈스틱 추가하자!"

★ "사장님이 직접 반죽해서 만든 칼국수라는데? 국물이 달콤하고 개운하대. 개운하다는 건, 맛이 느끼하지 않고 산뜻하고 시원하다는 뜻이야. 맛이 왜 춥냐고? 아니, 그게 아니라…."

★ "이 집 족발은 좀 매운가 보네. 도담이 너 매운 거 못 먹지? 괜찮아? 그럼 다른 거 먹을까? 아니면 디저트로 달콤한 아이스크림을 시켜도 좋고."

언어놀이 3 · 배달 시간과 거리 체크하기

배달 앱에는 소리하고 배달하는 데 걸리는 시간과, 우리 집과 음식 점과의 거리가 나와 있습니다. 우리 집에서 먼 곳은 음식을 받기까지 비교적 오래 걸리고, 가까운 곳은 금방 옵니다. 물론 바쁜 시간대에는 시간이 더 걸리겠지요. 아이와 함께 시계를 보면서 언제쯤 도착할지, 어떤 곳에서 시키는 게 좋을지 이야기해보세요.

[뇌를 깨우는 말들]

★ "이제 주문을 해야 하는데, 여기는 우리 집에서 2.4킬로미터 떨어져 있네. 번개배달이라 시간은 15~20분 걸린다네. 도담아, 지금 몇 시지? 음… 시계를 못 보는구나. 지금이 오후 8시 17분이니까, 40분이 되어야 음식이 오겠네. 그러니까 저기 긴 바늘이 8에 가면 오는 거야."

★ "두 군데가 있는데, 여기는 우리 집이랑 더 가까운데 가격이 조금 비싸. 그리고 여긴 우리 집이랑 멀어서 시간이 더 걸리지만 가격은 싸. 어디가 좋을까? 응? 맛있는 데로 하자고? 그래, 그럼. 사장님이 직접 키운 미나리를 넣었다는 이 집으로 하자."

T P 이런 점도 신경 써주세요

조미료가 들어간 바깥 음식을 주문하는 일이 부담스럽다면 직접 집에서 만들어 먹는 상황을 대화에 활용할 수 있습니다. 요리 소개 사이트나 앱을 열고 만들 음식을 정합니다. 재료를 함께 살펴보고 장을 보거나 주문해요. 이후 만든 음식을 맛있게 먹으면서 어떤 재료가 어떤 맛을 내는지, 어떤 양념을 넣었는지 이야기합니다.

때로 현관문 밖에 식당 전단지가 붙어 있을 때가 있어요. 바로 버리지 마시고 아이랑 함께 구경하세요.

이런
아이들에게
좋아요

- ◆ 범주어를 이해하고 여러 어휘를 연관지어 배우는 시기인 4~5세 전후의 아이
- ◆ 자기가 선호하는 것을 말로 표현하는 데 소극적인 아이

Step 2
이야기를
구성하는
어휘력 쌓기

5세 이상은 그동안 쌓은 어휘와 음운, 구문 지식을 바탕으로 본격적으로 이야기(담화)를 구성하고 이를 통해 논리적 사고력을 키워가는 시기입니다. 기호를 이해하고 개념화하면서 글자에 대한 관심도 높아져요. 일상에서 이야기 능력과 문자의 이해를 돕는 활동을 소개합니다.

01

계산기와 점수판으로 수 익히기

활 동 목 표

◆ 숫자, 세는 말, 연산기호 배우기   ◆ 수의 크기 비교하기
◆ 간단한 더하기 빼기 익히기

• 점수 내기를 하면서 수를 세고, 수의 크기를 비교하고 말로 설명합니다.
• 연산기호를 배우고, 간단한 더하기 빼기를 연습합니다.
• 관련 앱을 활용하여 이해를 돕습니다.

아이가 수 개념을 익히려면 추상적인 양의 개념과 이를 표시하는 기호, 그리고 수를 나타내는 말을 모두 알아야 합니다. 보통은 책이나 학습지에 있는 그림을 보며 개수를 세고 숫자를 써넣는 연습을 합니다. 여기서는 조금 다른 방법을 소개합니다.

언어놀이 1 ◆ 수 세기

게임을 할 때 아이가 점수판에 직접 결과를 기록하게 합니다. 점수판 앱에서 터치를 통해 숫자의 변화를 확인하면서 수 개념을 감각적으로 익힐 수 있습니다.

[뇌를 깨우는 말들]

★ "나는 6점이야. 도담이가 점수를 올려주세요. 여섯 번 누르면 돼요. (터치) 하나. (터치) 둘. (터치) 셋…"

★ "아, 이번에는 내가 졌네. 빼기 2점. 아래 칸을 두 번 눌러. (터치) 하나. (터치) 둘. 옳지!"

언어놀이 2 ◆ 크기 비교하기

점수를 확인하면서 서로 비교합니다. 이때 무엇이 더 큰지/작은지, 얼마나 더 큰지/작은지 말해줍니다.

★ "모두 해서 몇 점인가요? 아, 도담이는 총 20점. 나는? 엥. 겨우 12점
이야. 20이 12보다 8이나 커. 내가 졌어!"

★ "자, 게임 결과는요? 아빠가 8점. 도담이가 9점. 9는 8보다 1이 더 크
니까, 도담이가 이겼네. 와우! 도담이 우승!"

언어놀이 3 ◆ 숫자와 연산기호 익히기

수의 개념과 이를 기호화한 숫자 및 연산기호를 이해하는 활동입니
다. 활용법은 간단합니다. 어른이 불러주는 수를 아이가 계산기에 입력
하는 것입니다. 그러면 따로 가르치지 않아도 충분히 숫자와 연산기호
에 익숙해질 수 있습니다.

[뇌를 깨우는 말들]

★ "엄마가 훌라후프 몇 개나 돌리나 잘 봐. 하나, 둘, 셋…."

★ "이번에는 스무 개를 했으니까, 아까랑 합치면. (핸드폰을 꺼내 계산기 앱
을 실행합니다.) 도담아, 계산기 좀 두드려줄래? 엄마가 말하는 숫자를
눌러봐. 20. 그렇지! 더하기(+). 그래, 거기 더하기 표시 있네. 더하기
35니까. 3이랑 5. 그거 눌러. 그렇지. 그런 다음에 선 두 개 나란히 있
는 거(=) 있지? 그걸 눌러봐. 오호! 나왔다. 20 더하기 35는 55. 엄마
가 훌라후프를 55개나 했어!"

★ "우리 도담이가 스티커를 몇 개나 모았나 볼까? 엄마가 말해줄게, 네가

계산기 숫자를 눌러봐. 자, 첫째 날(1일)부터 시작할게. 스티커가 모두 다섯 개. 5를 눌러. 그렇지! 둘째 날(2일)은 세 개니까 3! 옳지! 잘 찾는다."

이런 점도 신경 써주세요

게임이나 놀이를 하는 시간을 수 익히기의 기회로 삼을 수 있어요. 바로 '점수 기록'을 통해서입니다. 득점했을 때, 상대방과 비교해야 할 때 아이에게 점수를 기록하게 해보세요. 종이에 연필로 써도 좋지만 앱도 활용하기 좋습니다. 'table score' 혹은 '점수판'으로 검색하면 관련 앱이 나옵니다. 계산기는 어떤 것이든 좋아요. 앱을 사용하면 손끝으로 직접 숫자와 부호를 누르면서 수를 셀 수 있습니다. 그러면 감각과 연결되어 더 잘 기억할 수 있어요. 또한 더할 때와 뺄 때 누르는 부분이 다르기에 분리해서 인식할 수 있습니다. 계산기와 점수판은 아이가 수에 익숙해지고 사칙연산의 개념을 배우는 데 훌륭한 교구가 됩니다.

이런
아이들에게   ◆ 수 개념을 배우는 시기의 아이
좋아요   ◆ 덧셈-뺄셈 개념 익히기에 흥미를 보이는 아이

02

아날로그시계 보기

활 동 목 표

◆ **시계 보는 법 배우기**　◆ **시간의 흐름을 표현하는 말 익히기**

◆ **시간을 언어적으로 개념화하기**

• 시침과 분침의 조합으로 시계 보는 법을 배웁니다.

• 지나온 시간과 남은 시간을 설명합니다.

• 아날로그시계와 디지털시계를 함께 사용하여 이해를 돕습니다.

어른들은 아이에게 아날로그시계 보는 법을 가르칩니다. 시침과 분침을 설명하고, 이들 조합이 어떻게 하루 24시간을 가리키는지 알려주지요. 따로 시간을 내서 가르칠 수도 있지만 일상에서 자연스럽게 배울 수도 있어요.

방법은 어떤 일을 시작할 때, 하는 동안, 마쳤을 때 함께 시계를 보는 거예요. 앱을 활용할 수도 있습니다. 다음을 참고하세요.

언어놀이 1 ◆ 활동을 시작하기 전

아이에게 현재 시각을 보여준 후 앞으로 활동이 끝날 시간을 미리 시침과 분침을 조정해 알려줍니다. 시계 앱이라면 시침과 분침을 터치로 조절할 수 있으며, 아날로그로 표시된 시간을 숫자로 바로 확인할 수 있어 좋습니다.

[뇌를 깨우는 말들]

★ "우리 그림 그리기 할까? 지금 몇 시지? 어디 보자. 오전 11시구나. 우리 30분 동안 그릴까, 아니면 한 시간 할까? 한 시간? 좋아, 그럼… (시침과 분침을 조정해서 보여주며) 12시, 이때까지 그림 그리자!"

언어놀이 2 ◆ 활동하는 중간에

지금 시각과 남은 시간을 알려줍니다.

★ "오~ 이건 〈겨울왕국〉의 엘사야? 똑같네, 똑같아. 나는 올라프를 그

려볼까? 그런데 지금 몇 시지? (시계를 보며) 11시 15분이네. 우리가 12

시까지 그림 그리기로 했지? 그럼 몇 시간이나 남았을까? (시침과 분침

을 조정해서 보여주며) 12시가 되려면 분침이 이렇게 여기까지 가야 하네.

10분, 20분, 30분… 이렇게 딱 45분이 남은 거야."

언어놀이 3 ◆ 활동이 끝난 후

현재 시각과 시작한 시각, 활동한 시간을 알려줍니다.

★ "그림을 다 그렸네. 이제 정리할까? 우리가 얼마나 오래 그림을 그렸

지? 지금이 11시 50분인데. 아까 몇 시에 시작했더라? (시침과 분침을 조

정해서 보여주며) 맞아, 11시에 시작했다. 벌써 50분이 지났네."

우리는 일상에서 디지털시계를 더 많이 접해요. 숫자로 표시하면 지금이 몇 시인지 더 직관적으로 알아챌 수 있어요. 그럼에도 아날로그시계를 보게 하는 건 교육적 효과가 있기 때문입니다. 추상적인 시간 개념을 시침과 분침이 '공간 분할'을 통해 인식시켜주기 때문입니다.

이런
아이들에게
좋아요

◆ 시간 개념을 배워가는 아이
◆ 학교 입학을 앞두고 시간 관리를 배워야 하는 아이

03

스토리텔링 게임
활용하기

◆ **그림을 보고 이야기 만들기** ◆ **주제 유지하기** ◆ **이야기의 구성요소 이해하기**

• 상상력을 동원하여 이야기를 만듭니다.
• 주제에 맞게 이야기를 이어갑니다.
• 등장인물과 배경, 사건 등을 설명합니다.
• 보드게임과 관련 앱을 활용합니다.

스토리텔링 게임은 이야기를 만들거나 주고받는 놀이입니다. 아이와 함께 웃고 즐기면서 언어능력은 물론 상상력과 순발력, 논리적 사고력을 길러줄 수 있어요. 상상력을 발휘해 개성 넘치는 이야기를 만들어보세요. 시중에 다양한 스토리텔링 게임이 나와 있으니 다음을 참고해서 활용해보세요.

언어놀이 1 ◆ 주사위 스토리텔링 게임

여섯 면에 각각 다른 그림이 그려진 주사위를 굴리고 나온 결과를 정렬해서 자기만의 이야기를 만드는 식으로 진행합니다. '스토리 큐브' 또는 '스토리 다이스'로 검색해보세요. 실물 대신 앱을 활용할 수도 있습니다. 일부 기능을 제외하고 무료로 사용할 수 있어요. 게임 방법은 같습니다.

[뇌를 깨우는 말들]

★ "내가 먼저 굴릴까? 알았어. 자~ 하나, 둘, 셋! 가만가만 강아지랑 비행기랑 넥타이, 피자, 밀가루, 고추 그림이 나왔네. 그럼 이야기를 시작할게. 옛날, 옛날에 매운 고추를 좋아하는 강아지가 살았대. 그런데 어느 날 회사에 취직을 하게 되어서 넥타이를 매고 비행기를 타고 출근을 했대. 그런데 점심시간에 피자가 나오는 거야. 강아지는 화가 났어. 왜냐하면 밀가루를 싫어하거든. 그래서 다시 회사를 그만두고 집으로 돌아갔대. 어때, 재밌지?"

★ "도담이는 어떤 그림이 나왔어? 지하철, 불, 소방관, 연기라고? 이야기를 만들었어? 들려줘. 지하철을 탔는데… 뭐? 갑자기 불이 났다고? 어이구, 이런… 그래서?"

★ "와, 정말 재밌네. 우리 도담이가 이야기를 정말 잘 짓는구나. 그럼 이번에는 주사위를 여덟 개로 늘려보자. 어때?"

언어놀이 2 ◆ 카드형 스토리텔링 보드게임

시중에 나와 있는 카드형 보드게임은 규칙이 조금 더 복잡합니다. '누가 어디에서 무엇을 했다' 식으로 이야기를 이어가는 게임이 있는가 하면, 〈딕싯(Dixit)〉처럼 제목을 붙이고 상대가 이를 근거로 해당 카드를 추정하는 식으로 진행하는 게임도 있습니다. 원래의 게임 규칙을 따라도 좋지만, 규칙을 단순화해서 아이들 연령대에 맞게 진행해도 됩니다.

인터넷에 찾아보면 동영상 설명도 있고 게임 소개 페이지도 많답니다. 시간을 내서 아이와 함께 즐겨보세요. 언어 발달에도 좋지만, 무엇

보드게임 〈딕싯〉, 〈스피치〉

보다 가족이 함께 재미있는 시간을 보낼 수 있습니다. 인터넷에서 '스토리텔링 게임'으로 검색해보세요.

ⓣⒶⓟ 이런 점도 신경 써주세요

스토리텔링 게임을 통해 아이들은 다음을 배울 수 있습니다.

- **일관성 있는 이야기 구성:** 결과값에 따라 즉석에서 이야기를 구성하되, 상대방이 들었을 때 그럴듯해야 합니다. 그러려면 이야기에 등장하는 인물이나 배경, 사건이 일관성 있게 전개되어야 해요. 즉 이야기를 관통하는 내적 논리가 필요합니다. 어른과 함께 스토리텔링 게임을 하면 이런 능력을 기를 수 있어요.

- **창의력 증진:** 게임을 하려면 그동안 듣거나 본 것을 밑천 삼아 세상에 없는 새로운 이야기를 만들어야 합니다. 등장인물, 배경, 사건, 결말 등 필요한 요소를 창작해 자기만의 이야기를 만듭니다. 이는 주어진 틀에서 벗어나 창의력을 발휘하는 경험이 됩니다. 또한 무에서 유를 만드는 일은 아이들에게 성취감을 줍니다. 재미있게 놀이로 창의력을 길러주세요.

- **순발력과 자신감 증진:** 이야기를 미리 준비할 수 없으므로 재치 있게 그때그때 상황에 맞게 대처해야 합니다. 그러다 보면 엉뚱한 이야기로 웃음을 주게 돼요. 이런 경험을 많이 한 아이는 '틀리면 어떡하지?', '재미없어하면 어쩌지?' 하는 걱정을 덜고 자신 있게 말할 수 있습니다.

이런
아이들에게
좋아요

- ◆ 이야기 능력을 길러가는 시기인 5세 이상의 아이
- ◆ 엉뚱한 이야기를 말하기 좋아하는 아이
- ◆ 길게 설명하는 것을 어려워하는 아이

04

즐거운
질문 카드 놀이

━━━━━━━━━━━ 활 동 목 표 ━━━━━━━━━━━

◆ **질문 이해하기**　◆ **자기 설명하기**　◆ **지시 수행하기**

• 질문을 듣고 대답하고, 상대방의 요구를 듣고 수행합니다.

• 좋아하는 것, 원하는 것, 무서운 것, 재미있는 것 등 자기 마음을 설명합니다.

• 상황을 가정하고 상상한 내용을 설명합니다.

• 보드게임을 활용하여 재미있는 상황을 연출합니다.

파티 게임은 여러 사람이 모였을 때, 어색한 분위기를 부드럽게 만들 때 쓰는 일종의 레크리에이션 놀이입니다. 질문 카드 놀이 역시 파티 게임의 하나예요. 카드를 무작위로 섞은 후 하나씩 펼치며 해당 질문에 답하는 식으로 진행해요. 카드에 쓰인 질문에 대답하다 보면 서로에 대해 알게 되면서 금세 친해집니다.

질문이 구체적이고 개인 경험에 집중되어 있기에 언어 발달을 돕는 놀이로 활용할 수 있습니다. '질문 카드', '아이스브레이킹 질문 카드', '만약 카드' 등으로 검색하면 쉽게 구할 수 있습니다.

규칙은 간단하지만 질문이 글자로 구성되어 있어 어른의 도움이 필요해요. 어른과 아이가 일대일로 해도 좋지만 여럿이 하면 더 재미있습니다. 다음을 참고하세요.

언어놀이 1 ◆ 질문-대답형

묻고 대답하는 방식입니다. 질문은 카드에 적혀 있습니다. 예를 들면 '내가 가장 좋아하는 것은?', '만약 내가 투명 인간이 된다면?', '아이언맨처럼 마음대로 날아다닐 수 있다면 어디에 가고 싶나요?' 같은 식입니다. 대답이 만족스럽지 못하면 '통과'하지 못할 수도 있습니다.

놀이를 시작하기 전에 아이 연령대에 맞춰 대답할 수 있을 만한 카드를 골라주세요. 규칙을 변형해서, 재미있고 창의적인 대답을 한 사람에게 높은 점수를 주는 식으로 진행할 수도 있어요.

★ "누가 먼저 할까요? 좋아요. 엄마가 먼저 카드를 뽑습니다. 짠! 어? '당신이 가장 좋아하는 것은 무엇인가요?' 음… 엄마는 말이야. 이렇게 도담이랑 같이 노는 게 세상에서 제일 좋아! 정말이냐고? 정말이지~ 어때? 몇 점? 오! 100점!"

★ "내가 읽어줄게. '만약 여행을 간다면 어디로 가고 싶나요?' 도담이, 여행 어디로 가고 싶어? 뭐? 옆집 예담이랑 레고레고성으로 놀러 간다고? 왜? 거기에 먹을 게 많다고? 근데 왜 하필 예담이야?"

★ "'당신의 꿈은 무엇인가요?'라고 적혀 있네. 도담이는 꿈이 뭐야? 늦잠 자는 거? 아니, 그런 거 말고, 나중에 커서 뭐가 되고 싶냐고. 소방관? 왜 소방관이 되고 싶어?"

언어놀이 2 ◆ 미션 수행형

대답 대신 특정 행동을 요구하는 방식의 카드 놀이입니다. 카드를 뽑은 사람은 특정 과제(미션)를 수행해야 '통과'할 수 있어요. '미션' 내용은 어렵지 않습니다. 상대방에게 별명을 지어준다거나, 가위바위보를 해서 이긴 사람이 카드를 가지거나 참여자의 요구를 들어주는 식입니다. 가끔 쑥스럽고 작은 용기가 필요한 미션도 등장하지만, 자연스레 참여자들 사이의 상호작용을 활발하게 만들어줍니다.

★ "'이 카드를 뽑은 사람은 상대방을 10초 동안 안아줍니다.' 야호! 좋은 카드 나왔다. 도담아, 이리 와. 꼬옥 안아줄게~."

★ "무슨 카드를 뽑았나, 어디 보자. '단추가 가장 많이 달린 옷을 입은 사람에게 이 카드를 줍니다.' 단추? 도담이 옷에 단추가 몇 개야? 아빠는 하나, 둘, 셋. 셔츠에 세 개 달렸네?"

★ "'이 카드를 뽑은 사람은 상대방의 소원을 하나 들어줍니다.' 좋아! 우리 도담이 소원이 뭐야? 유튜브 보는 거라고? 좋아! 게임 끝나고 아빠가 10분 동안 유튜브 보게 해줄게!"

ⓣⓘⓟ 이런 점도 신경 써주세요

질문 카드 놀이를 통해 아이는 다음을 배울 수 있습니다.

● **'나'를 알고 표현하기**: 놀이를 하면서 자신에 대해 생각해볼 수 있습니다. 내가 어떤 사람인지, 무엇을 하고 싶은지, 무엇을 좋아하고 싫어하는지에 대해 말하다 보면 그동안 몰랐던 자신의 모습을 깨달을 수 있어요. 자신에 대해 잘 아는 사람이 타인과도 좋은 관계를 맺을 수 있습니다.

- **가정하기–상상하기:** 현실에선 불가능하지만 하고 싶은 일, 미래에 벌어질 일 등을 묻는 질문이 있습니다. 여기에 답하려면 상황을 가정하고 앞으로 벌어질 일을 머릿속에서 '시뮬레이션'해야 합니다. 이러한 연습은 언어능력은 물론 사고력 발달에 큰 도움이 됩니다.

- **창의력 증진:** 재미난 대답은 사람들을 즐겁게 합니다. 아이들도 그 사실을 잘 알기에 다른 사람들이 짐작하지 못할 대답을 생각해내는 데 집중할 거예요. 기발하고 엉뚱한 생각으로 모두가 즐거워한 경험은 아이들의 창의력을 증진합니다.

 이런
아이들에게
좋아요

- ◆ 문장에 대한 이해가 높아지고 다양한 질문에 대답하는 5세 이상의 아이
- ◆ 수줍음이 많아 질문에 대답하는 데 주저하는 아이
- ◆ 좋아하는 것, 싫어하는 것, 하고 싶은 것 등 자기와 관련한 표현이 부족한 아이

05

우화와 옛이야기로
담화 능력 기르기

━━━━━━━━━━ 활 동 목 표 ━━━━━━━━━━

◆ **이야기를 요약하고 재구성하기**　◆ **교훈 이해하기**　◆ **입장 바꾸어 생각하기**

• 이야기를 듣고 중요한 사건을 중심으로 요약합니다.

• 이야기에 담긴 교훈을 생각하고 설명합니다.

• 등장인물의 입장을 이해하고 시점을 바꾸어 이야기를 재구성합니다.

• 전자책과 관련 앱을 활용하여 흥미를 더합니다.

구문 형식 측면에서 보자면 이야기, 즉 담화는 문장에 문장이 더해지면서 만들어집니다. 그러나 이것만으론 부족해요. 이야기에는 인물과 사건이 있어야 합니다. 배경과 결말도 필요해요. 아이들은 책이나 애니메이션 영상을 보면서 은연중에 이러한 '이야기의 조건'을 인식하게 됩니다.

우화와 옛이야기는 등장인물, 사건의 전개와 결말, 전달하는 메시지가 분명해서 아이들의 담화 능력을 기르는 데 좋습니다. 또한 사건을 요약하고 그 의미를 말하는 연습은 앞으로의 학습에 중요한 밑거름이 됩니다.

함께 책을 읽으면 아이는 자연스럽게 담화 능력을 기를 수 있어요. 방법은 다음과 같습니다.

언어놀이 1 · 요약하기

책을 읽고 나서 이야기를 요약합니다. 이때 원문과 똑같이 이야기할 필요는 없습니다. 주요 인물과 주요 사건이 빠지지는 않았는지, 결말을 잘 이야기했는지가 핵심입니다. 어른이 먼저 시작하고 아이가 이어가는 식으로 진행해보세요. 물론 아이가 의욕을 보인다면 처음부터 끝까지 주도하게 합니다.

이때 주의할 사항이 있습니다. 시험을 치르듯 아이에게 캐묻지 않아야 한다는 점입니다. 그러면 아이가 흥미를 잃어 오히려 역효과가 생깁니다. 책을 다 읽고 나서 어른과 함께 정리하는 것으로 충분합니다.

★ "재밌지? 그러니까, 옛날에 까치가 살았던 거야. 그런데 뱀이 새끼들을 잡아먹으려고 했잖아. 그러니까 지나가던 선비가 구해준 거지. 안 그러면 큰일 나잖아. 그다음엔 어떻게 됐더라, 잘 생각이 안 나네. 아! 맞아, 선비가 길을 가다가 이상한 집에서 다시 뱀을 만났잖아. 맞아. 그래서 죽을 뻔했는데 까치가 구해준 거잖아. 어휴, 정말 은혜를 잘 갚는 까치야."

★ "그래서 행복하게 오래오래 살았대요. 어때? 재밌지? 자, 그럼 이제 우리 도담이가 이야기해볼래? 싫어? 그럼 엄마가 할까?"

★ "아, 그랬구나. 그래서 마지막에 어떻게 됐는데? 그랬어? 오! 정말 이야기를 잘했어요."

언어놀이 2 ◆ 교훈과 느낀 점 이야기하기

우화는 말 그대로 우화적입니다. 주인공은 동물인데 교훈은 인간적이에요. 그래서 이야기가 전하고자 하는 바는 무엇인지, 무엇을 느꼈는지 등을 함께 나누기에 아주 좋습니다. 그 과정에서 이야기의 숨은 뜻을 알아채고 자기 입장에서 생각하는 연습을 할 수 있어요.

[뇌를 깨우는 말들]

★ "그래서 개미가 베짱이에게 음식을 나눠주었대. 정말 착하지 않니? 지우는 이 이야기 들으니까 어때? 공부도 안 하고 매일 놀면 어떻게 되겠

어? 그치? 맞아. 그러니까 평소에 놀기도 하고 공부도 열심히 해야지."

★ "그래서 곰이 킁킁 냄새를 맡더니 친구 귓속에 대고 뭐라고 뭐라고 말
했대. 그러곤 다시 숲으로 돌아갔대. 도대체 뭐라고 말했을까? 너라면
뭐라고 했을 거 같아?"

★ "주인공은 왜 부끄러워했을까? 맞아, 의리 없이 혼자 도망쳤으니까. 그
럼, 그럼. 어려울 때 서로 도와야지. 맞아, 맞아! 우리 지우가 이야기를
참 잘했어요."

언어놀이 3 ◆ 그림으로 재연해보기

이야기를 다 듣고 나서 그림으로 그려보는 활동입니다. 이때 컷 수에
제한을 둡니다. 예를 들어 전체 이야기를 4컷의 그림에 담는 거예요. 그
러려면 아이는 전체 사건을 기-승-전-결 방식으로 정리할 수 있어야
합니다. 이는 부수적인 내용은 배제하고 핵심 내용을 골라내는 연습이
기도 해요. 이야기에 따라 2~8컷까지 다양한 변주가 가능합니다.

[뇌를 깨우는 말들]

★ "자, 그럼 지금까지 들은 이야기를 그림 한 장에 그려볼까? 엄마도 그
려볼게."

★ 《여우와 신포도》 이야기를 네 장의 그림으로 그려보자. 그러고 나서
아빠한테 이야기해줄까? 나도 그럴게."

★ "다 그렸다! 내가 먼저 해볼게. 여기 그림 네 장 잘 봐. 음… 그러니까,

첫 번째 그림! 옛날에 양치기 소년이 살았대. 그런데 너무 심심한 거야. 두 번째 그림! 그래서 동네 사람들한테 장난을 쳤대. 늑대가 나타났다고 소리친 거야. 동네 사람들은 엄청 놀랐어. 세 번째 그림! 양치기 소년은 다시 거짓말로 늑대가 나타났다고 소리쳤어. 동네 사람들이 또 거짓말을 한 소년에게 화가 났대. 네 번째 그림! 그런데 다음에 진짜 늑대가 나타나서 양을 모두 잡아먹어버렸대. 으… 슬프다."

언어놀이 4 ◆ 인칭 바꾸어 서술하기

등장하는 인물 중 한 사람을 골라 그 사람의 입장에서 사건을 서술하는 활동입니다. 예를 들어 《여우와 두루미》 이야기를 여우의 관점으로 서술하는 거예요. 이때 중요한 것은 '여우' 대신 '나'로 인칭을 바꾸는 것입니다. 그러면 입장과 함께 문장도 바꿔야 해요. 어른에게도 만만치 않은 과제입니다. 이런 연습은 '관점' 이해에 큰 도움이 됩니다.

[뇌를 깨우는 말들]

★ "여우가 두루미를 초대했어요. 그런데 두루미는 화가 났어요. 왜 그러냐고 물었더니 두루미가 말했어요. '야! 너는 왜 내 부리가 긴 걸 알면서도 넓은 접시에 음식을 담았니?' (…) 다음날 두루미가 여우를 초대했어요. (…) 여우는 두루미의 대답에 그만 부끄러워져 얼굴이 빨개졌답니다."

→ 1인칭 여우 관점: "내가 두루미를 초대했어. 그런데 두루미가 화를

냈어. 내가 물어보니까 두루미가 그러는 거야. '내 부리가 긴데 왜 넓은 접시에 담았어?' 그러더니 다음날 나를 초대했어. 갔더니 호리병에 음식을 담았어. 나는 화가 났어. 그래서 내가 '먹을 수가 없잖아, 나는' 그랬더니 두루미가 말했어. (…)"

→ 1인칭 두루미 관점: "여우가 나를 초대했어. 그런데 화가 났어. 접시가 넓어서 내가 먹을 수가 없잖아. 그래서 다음날 여우를 초대했어. 이번에는 호리병에 음식을 담아서 줬더니 여우가 화를 내잖아. 그래서 내가 말했어. '너도 그랬잖아, 그때'. 그러니까 여우가 창피해했어. (…)"

언어놀이 5 ◆ 스마트폰 앱 활용하기

스마트 기기를 책 읽기 도구로 활용할 수 있습니다. 앱스토어와 구글플레이에는 다양한 전자책 콘텐츠가 있어요. 종이책과 비교했을 때 전자책은 다음과 같은 장점이 있습니다.

멀티미디어

책에는 글자, 사진, 그림이 있지만 전자책은 여기에 소리와 동영상이 더해집니다. 이러한 감각적 자극은 이야기에 사실감과 현장감을 더해 몰입감을 높여줘요.

인터랙션

전자책은 콘텐츠에 사용자가 개입할 수 있습니다. 그림을 터치하거나 스와이프하면서 이야기를 진행시킵니다. 또한 자기 목소리를 녹음해 책에 입히거나 등장인물의 얼굴을 바꿀 수도 있어요. 이러한 상호작용은 읽기 경험을 좀 더 특별하게 해줍니다.

미리 보기 기능, 휴대성

책 내용이 어떤지 미리 보고 구매를 결정할 수 있습니다. 사놓고 읽지 않는 책이 많은 집이라면 이런 방식이 더 좋겠지요.

또한 휴대도 간편해요. 여러 권의 책을 한꺼번에 저장해서 들고 다니고, 언제 어디서나 쉽게 책을 펼칠 수 있습니다.

이런
아이들에게
좋아요

◆ 산만하게 이야기하는 아이
◆ 문해력 연습이 필요한 아이
◆ 상대 입장에서 생각하는 연습이 필요한 아이

06

요리책 보기

요리를 하려면 재료를 준비하고 조리법을 익혀야 합니다. 보통 '레시피'라고 부르는 이 정보를 언어놀이의 소재로 활용할 수 있어요. 요리책 사진과 설명을 보고 따라 하거나 조리 과정을 순서대로 말하게 해보세요. 이를 통해 아이는 다양한 어휘를 익히고 방법과 과정을 설명하는 연습을 할 수 있습니다.

언어놀이 1 ◆ 재료 살피기

어른이 요리책을 보면서 무슨 요리를 할지, 필요한 재료는 무엇인지를 얘기해줍니다.

[뇌를 깨우는 말들]

★ "오늘은 뭘 먹을까? 아! 여기 낙지볶음이 있네. 맛있겠다. 어떻게 만드는지 한번 볼까?"

★ "오! 재료를 준비해야겠구나. 여기 뭐랑 뭐가 있어? 맞아! 낙지랑 양파, 고추랑 양배추. 이거? 이건 소금이야. 참기름, 밀가루도 들어가네."

언어놀이 2 ◆ 조리법 살피기

어른이 요리책을 보면서 조리 과정을 전체적으로 설명합니다.

[뇌를 깨우는 말들]

★ "'먼저 낙지는 내장과 먹물을 뺀 후 굵은소금과 밀가루로 바락바락 문

지릅니다', 이렇게 쓰여 있네. 음, 그렇구나. 그다음엔 어떻게 하지?"

★ "재료가 나 준비되었습니다! 그다음엔 어떻게 해야 하지? 아, 채소 볶기! 양파랑 양배추를 프라이팬에 넣고 불을 켠 다음에…."

언어놀이 3 ◆ 순서대로 조리법 설명하기

앞서 살펴본 조리법을 아이가 설명합니다. 힌트로 책 속의 과정 사진을 보여줍니다.

[뇌를 깨우는 말들]

★ "자, 그럼 도담 요리사님이 낙지볶음 만드는 법을 설명해주시겠습니다. 맨 처음에 어떻게 해야 하죠?"

★ (사진을 보여주며) "네, 재료를 준비한 다음에 낙지를 손질했어요. 그런 다음에는요? (사진을 보여주며) 아! 양파와 양배추를 볶는군요. 그다음은요? (사진 보여주기)"

언어놀이 4 ◆ 거꾸로 설명하기

완성된 요리 사진을 보고 이전 과정을 되짚어가며 설명합니다. 역시 사진을 힌트로 줍니다.

[뇌를 깨우는 말들]

★ "이번 미션은 거꾸로 설명하기입니다! 여기 낙지볶음이 있어요. 어떻게

만들었을까요? (마지막 과정 사진을 보여주며) 아하! 소면을 삶고 있군요. 그런 다음 낙지볶음 옆에 두었어요. 그 전에는 어떻게 했을까요? (바로 앞 과정 사진을 보여주며) 맞아요. 낙지와 대파, 고추를 넣고 볶았네요. 그럼, 그 전에는요?"

★ "와우! 도담 요리사가 거꾸로 설명하기를 아주 잘했어요. 최고, 최고!"

언어놀이 5 ◆ 요리하기

여건이 허락된다면 실제로 요리를 해보세요. 요리는 시각, 청각, 후각, 촉각, 미각 등 오감을 자극하며 관련 낱말과 문장을 훨씬 잘 기억하게 합니다. 무엇보다도 어른과 함께 하는 요리는 아이에게 무척 행복한 경험입니다.

재료 준비하기

아이와 함께 장을 봅니다. 혹은 집에 있는 재료를 한데 모읍니다.

[뇌를 깨우는 말들]

★ "양파랑 대파는 집에 있으니까 안 사도 되고. 낙지는 수산물 코너에 있대. 가보자."

★ "냉장고에 보면 아래 채소 칸에 양파가 있을 거야. 유빈아, 그거 좀 가져다줄래?"

사신과 실넝을 보내 요리를 합니다. 불이나 조리노구 사용 시 위험할 수 있으므로 아이는 거리를 두고 앉아 구경하거나 조리법을 어른에게 설명하는 역할을 합니다.

[뇌를 깨우는 말들]

★ "아빠가 낙지를 다 다듬었어. 그다음엔 어떻게 해? (아이가 설명합니다.) 아, 채소를 다듬어야 하는구나. 알겠어~."

★ "이렇게 해서 낙지볶음이 완성됐습니다! 도담아, 와서 간을 좀 볼래? 짜? 맵니? 으흠, 잠깐 기다려. 양배추랑 대파를 좀 더 넣어야겠다."

맛있게 먹기

음식이 다 만들어졌으니 맛있게 먹을 차례입니다.

[뇌를 깨우는 말들]

★ "낙지볶음 나왔습니다! 도담이랑 아빠가 함께 만들었어요. 그러면 맛있게 먹어볼까? 아, 잠깐! 사진 찍어서 인스타에 올리자."

함께 정리하기

음식을 다 먹고 나면 정리를 해야겠죠? 어떻게 정리해야 하는지를 알려주면서 함께 식탁을 정리해요.

★ "맛있게 먹었니? 음식을 다 먹었으니 정리를 해볼까? 접시에 남은 음
식은 음식물 쓰레기통에 버리자. 접시는 포개서 싱크대로 가져가야 해.
지우가 포크랑 숟가락을 아빠에게 줄래? 나머지는 내가 할게."

언어놀이 6 ◆ 스마트폰 앱 활용하기

앱스토어와 구글플레이에는 요리 레시피 앱이 무척 많습니다. 마음
에 드는 걸로 활용해보세요. 다만 단순하면서도 사진과 설명이 구체적
인 것이 좋습니다.

이런
아이들에게
좋아요

◆ 조리 있게 말하는 연습이 필요한 아이
◆ 한 가지 활동에 집중하는 연습이 필요한 아이
◆ 음식과 요리에 관심을 보이는 아이

07

홈트레이닝하기

양팔을
쭈—욱

───── 활 동 목 표 ─────

◆ **동사 익히기** ◆ **몸과 관련한 어휘 배우기** ◆ **순서대로 설명하기**

• 운동을 함께 하며 몸의 부분과 움직임을 말로 들려줍니다.
• 직접 동작을 취하며 설명합니다.
• 화면을 보면서 자세를 비교합니다.
• 관련 자료를 활용하여 다양한 동작을 연습합니다.

홈트레이닝 책이나 사진, 혹은 동영상을 다운받아서 아이와 함께 운동을 해보세요. 활용 방법은 간단합니다. 사진이나 동영상으로 설명을 읽거나 들으며 그에 따라 자세를 취합니다. 운동법 설명에는 몸의 부분을 일컫는 명사, 움직임과 모습을 설명하는 동사와 형용사, 정도를 설명하는 부사가 풍부합니다. 함께 운동을 하며 이런 말들을 배우고 쓰게끔 유도해보세요.

언어놀이 1 ◆ 동작 따라 하기

사진이나 동영상을 보며 동작을 설명하면서 아이와 함께 동작을 취합니다. 서로의 동작이 설명과 같은지 확인하고 잘못된 부분이 있다면 바로잡아줍니다. 충분히 연습했다면 이번에는 사진이나 동영상을 보지 않고 말로만 설명합니다.

[뇌를 깨우는 말들]

함께 동작 따라 하기

★ "지우야, 여기 쓰여 있는 대로 읽어줄게. 먼저 발을 모으고 서서 두 손을 머리 위로 뻗으래. 자, 엄마 따라 해봐. 그렇지! 이렇게. 아니, 발을 좀 더 모으고. 그렇지!"

어른이 설명하고 아이가 동작 취하기

★ "코브라 동작이네. 내가 설명할 테니까 지우가 해봐. 자, 먼저 발을 모

으고 엎드립니다. 그렇지! 좋아. 그다음에는 양손을 갈비뼈 아래쪽에

갖다 댑니다. 오~ 잘하는데!"

★ "어휴, 힘들다. 다음 동작은 어떻게 하지? 지우가 한번 설명해줄래?"

★ "우리 아까 했던 체어 동작 기억나니? 아, 그게 어떻게 했더라? 먼저

발을 모으고, 그 다음이… 두 손을 머리 위로… 맞나? 사진 볼까?"

★ "어디 보자. 우리 지우가 얼마나 똑같이 했나 볼게. 여기 보니까 허리를

직각으로 쭉 펴서 올렸네. 그렇지! 조금 기울었네, 조금 더 펴봐. 잘한

다, 우리 지우~."

언어놀이 2 ◆ 도구를 사용해 운동하기

홈트레이닝에 등장하는 운동은 신체 부분의 움직임이 다양하기에

이와 관련한 어휘와 문장을 배우기에 좋습니다. 도구를 쓰는 운동이라

면 표현은 더욱 풍부해집니다.

★ "운동 시작! 이번엔 고무 밴드를 이용합니다. 먼저 밴드를 양손으로 잡고 다리를 약간 벌리고 서세요. 그런 다음 밴드 잡은 양손을 양쪽으로 쭉 벌리며 위로 들어 올려서… 그렇지! 아유, 유빈이 잘하네."

★ "아, 진짜 힘들다. 이번에는 어떤 동작을 해볼까? 유빈이가 골라봐. 엥? 엎드려서 한 손 한 발 들기? 어려워 보이지만 한번 해보자. 내가 먼저 할 테니까, 유빈이가 동영상 보고 설명해줘."

이런
아이들에게
좋아요

◆ 몸으로 하는 놀이를 좋아하는 아이
◆ 어휘력이 부족하고 표현이 단조로운 아이
◆ 구체적으로 설명하는 연습이 필요한 아이

08

말풍선 놀이

───── **활 동 목 표** ─────

◆ **상황에 걸맞은 표현 익히기**　　◆ **입장 이해하기**　　◆ **추론하기 연습**

• 그림을 보고 어떤 상황인지 생각해봅니다.
• 등장인물의 입장에서 무슨 말을 했을지 상상합니다.
• 상황에 맞는 말로 표현하고, 대화문을 구성합니다.
• 관련 앱을 활용하여 간단하게 말풍선을 붙입니다.

이번 놀이는 그림이나 사진에 어울리는 대화문 작성하기입니다. 준비물은 사진이나 그림 자료, 흰 종이, 가위, 풀 등입니다. 순서와 요령은 다음과 같습니다.

언어놀이 1 ◆ 배경 사진(그림) 준비하기

사진이나 그림을 준비합니다. 예전에 찍은 가족사진도 좋고, 신문이나 잡지에서 오리거나 인터넷에서 다운받아 출력한 것도 좋습니다. 단, 두 가지 조건을 충족해야 합니다.

첫 번째 조건은 '등장인물'입니다. 누군가가 사진 혹은 그림에 나와야 해요. 꼭 사람이 아니어도 좋습니다. 동물, 만화 캐릭터, 식물, 심지어 가로등 같은 무생물도 말풍선의 주인이 될 수 있습니다.

두 번째 조건은 '상황'이 있어야 합니다. 물건을 사고파는 장면, 사고가 난 장면, 홍수가 난 장면, 바람이 심하게 부는 장면 등이 그렇습니다. 어디에서 무슨 일이 생겼는지 아이가 알 수 있을 만한 상황이 담긴 사진을 골라주세요.

활용할 수 있는 상황들

- 두 사람이 대화하는 장면
- 텔레비전으로 화산 폭발 장면을 보는 가족의 모습
- 우화나 동화의 한 장면
- 위기 상황이 담긴 장면
- 물건을 거래하는 장면
- 광고 사진
- 갈등 상황이 담긴 장면

언어놀이 2 ◆ 대화 상상하기

그림이나 사진을 보며 각 장면에서 등장인물이 무슨 말을 했을지를 함께 생각해봅니다. 예를 들어, 비가 내리는데 어떤 사람이 서 있고 그 앞으로 오리가 떼를 지어 지나간다면 그 사람은 오리들에게 무슨 말을 했을지를 함께 상상하고 이야기 나눕니다.

언어놀이 3 ◆ 말풍선 만들어 붙이기

아이와 상의하여 대화 내용을 정하고 이를 말풍선으로 만들어 오려 붙입니다. 한 장면을 완성했다면 다른 장면도 해보세요. 이런 장면들이 모여 하나의 이야기가 될 수 있습니다. 다음 예시를 참고해 재치 있는 말풍선을 달아보세요.

[뇌를 깨우는 말들]

가족이 등장하는 상황

★ "오! 이건 우리 생일 파티 때 찍은 사진이다. 옆집 도담이도 있고, 승준이도 있네. 친구들이 무슨 말을 했을지 우리가 말풍선에 적어보자."

★ "이 사진 보니까 여름인 거 같아. 분수대가 있어. 여기 뛰어가는 아이는 아빠 손을 잡고 있네. 이 아이는 무슨 말을 했을까? 그리고 아빠는 또 뭐라고 말했을까?"

낯선 등장인물과 낯선 상황

★ "엄마가 인터넷에서 다운받은 사진이야. 두 사람이 있는데 한 사람은 화를 내고 있고 한 사람은 고개를 숙이고 있네. 저 뒤에 보니까 경찰이 와 있다. 무슨 일이지? 이 사람은 뭐라고 말했을까?"

★ "수영장인가 보다. 꼬마가 튜브를 타고 있네. 정말 즐거워 보인다. 그 옆의 아이는 공을 놓쳤나 봐. 손으로 그걸 가리키고 있어. 또 뭐가 있지? 아, 저쪽에서 형들이 물장구친다. 지금 무슨 이야기를 하고 있지? 선생님도 있는 거 같은데, 뭐라고 말씀하시는 걸까? 그 내용으로 말풍선을 만들까?"

동화나 우화의 한 장면

★ "달님, 달님, 달님이 떠 있어요. 저 아래에 집이 보이네요. 와! 고양이도 있다. 도담아, 달님이 고양이에게 뭐라고 말했을 거 같아? 아! 잘 자, 그랬을 거 같아? 왜? 아! 이제 밤이 깊었으니까? 그래, 그렇게 말했을 수도 있겠다."

★ "오, 여기 토끼랑 거북이가 달리기 경주를 하네. 거북이가 힘들어 보인다. 그런데 토끼는 왜 저렇게 한가롭게 잠을 자고 있지? 도담아, 저기 옆에서 구경하는 여우랑 기린한테도 말풍선을 만들어주자. 얘들이 토끼한테 뭐라고 했을 거 같아?"

① 광고 사진

★ "와! 도담이가 좋아하는 요구르트 광고다! 여기 꼬마 아이랑 뿡뿡이가

있네. 도담아, 이 아이가 뭐라고 했을 거 같아? 뭐? '방귀쟁이야, 방귀

좀 그만 뀌어'라고? 왜, 왜? 뭐? 방귀 냄새 때문에 요구르트를 못 먹겠

다고? 하하, 재밌다. 좋아, 그럼 방귀쟁이 뿡뿡이는 뭐라고 했을까?"

② 사건이나 사고

★ "태풍이 왔나 봐. 거리에 나무가 쓰러져 있네. 저기 119 구급대 아저씨

가 있다. 그리고 여기는 물살이 심해서 사람들이 못 건너가고 있어. 그

런데 그 위로 어떤 사람이 줄을 잡고 건너오고 있어. 구출되었나 보다.

우리 저 아저씨한테 말풍선을 만들어주자. 아저씨가 뭐라고 말했을 거

같아?"

③ 보도 사진

★ "이건 사람들이 모여서 회의하는 장면이야. 무슨 이야기를 하는 걸까?

우리가 말풍선을 만들어보자. 저 사람은 왜 삿대질을 하는 거지? 뭐?

빨리 화장실에 가야 하는데 왜 자꾸 못 가게 말리냐고? 하하, 재밌다.

그럼 그 앞에 서 있는 사람은? 화장실은 저쪽인데 왜 자꾸 거기 서 있

는 거냐고? 하하! 그럴 수도 있겠다."

언어놀이 4 ◈ 스마트폰 앱 활용하기

앱스토어나 구글플레이에서 '말풍선'이나 'speech bubble'로 검색하면 관련 앱을 찾을 수 있습니다. 사용법은 필요한 사진이나 그림을 가져와서 그 위에 말풍선을 넣고 그 안에 필요한 말을 문자로 써넣는 거예요. 수시로 지웠다 쓸 수 있어 편리합니다. 아이가 흥미로워할 앱을 골라 활용해보세요.

ⓣⓘⓟ 이런 점도 신경 써주세요

대화는 상황에 따라 내용이 달라집니다. 그와는 반대로, 대화가 상황을 바꾸기도 해요. 특정 상황과 대화문을 연결지어 생각하는 연습은 다음과 같은 능력을 길러줍니다.

- **화용능력:** '화용'은 말의 적절한 사용을 말합니다. 의사소통의 기술에 해당해요. 아무리 아는 것이 많고 유창하게 말하는 사람이라도 때와 장소에 맞는 대화의 기술이 없다면 다른 사람들과의 의사소통이 원활하지 않습니다. 말풍선 채워넣기는 이러한 의사소통능력을 길러줘요. 갈등 상황에서는 어떻게 말해야 하는지, 즐겁고 행복한 순간에는 어떤 말로 그 기쁨을 표현할지 등을 그림 혹은 사진과 함께 이해할 수 있습니다.

- **추론능력:** 그림 혹은 사진만 보고 어떤 상황인지 추측할 수 있어야 적절한 대화문을 채울 수 있습니다. 말풍선 놀이는 등장인물의 표정, 몸짓 등을 보고 지금 무슨 일이 벌어졌는지, 무슨 말을 하는지를 추론하는 연습이기도 합니다.

- **상상력:** 같은 그림 혹은 사진이라도 말풍선에 써넣을 대화문은 아이마다 제각 각입니다. 뜬금없는 말이라도 왜 그런 말을 했는지 물어보면 분명히 타당한 이유를 댈 거예요. 아이들의 상상력은 어른들의 고정관념을 뛰어넘기 마련입니다. 말 풍선 놀이를 하면서 상상력을 마음껏 발휘하게 해주세요.

 이런
아이들에게
좋아요

- ◆ 상대방의 관점에서 생각하고 말하는 능력을 키워나가는 5세 이상의 아이
- ◆ 문장 표현이 빈번하지만 상황에 맞는 말 표현에 어려움을 겪는 아이

09

쌍둥이 사진 찍기

찰칵   찰칵

◆ **위치와 방향 관련 어휘 익히기** ◆ **비교하여 설명하기**

• 원본 사진과 똑같은 사진을 찍습니다.

• 두 사진을 비교하고, 차이를 설명합니다.

• 상대방에게 올바른 위치와 거리, 방향 등을 말로 표현하게 합니다.

아이가 직접 사진사가 되어 사진을 찍는 놀이입니다. 그런데 조건이 있어요. 어른이 찍은 사진과 똑같이 찍어야 한다는 점입니다. 그러려면 동일한 위치와 방향에서 찍어야 합니다. 찍는 사람과 피사체 사이의 각도와 거리에 따라 결과가 달라지기 때문입니다. 아이들이 곧바로 이를 터득하기는 어려워요. 어른의 설명이 필요합니다. 이 '설명'이 바로 놀이의 목적이에요. 다음을 참고해 사진사 놀이를 해보세요.

① 사진 찍을 물건을 특정 위치에 둡니다.
② 어른이 특정 위치에서 사진을 찍습니다.
③ 아이에게 사진을 보여준 후 똑같이 찍도록 주문합니다.
④ 아이가 찍은 사진과 어른이 찍은 사진을 비교하고 차이점을 이야기합니다.
⑤ 똑같이 찍으려면 어느 위치에서 어떻게 찍어야 하는지 아이에게 말해줍니다.
⑥ 어른이 알려준 대로 아이가 다시 사진을 찍습니다.
⑦ 역할을 바꿉니다. 아이가 찍은 사진을 어른이 똑같이 따라 찍습니다.

언어놀이 1 ◆ 테이블 위에 있는 사물 찍기

적당한 거리와 촬영 각도 등을 말로 설명해주세요.

★ "이건 아빠가 찍은 사진이야. 테이블 위에 우유가 있네. 똑같이 찍을
　　수 있어?"

★ "도담아, 여기서 한번 찍어봐. 그렇지! 좀 더 앞으로 가서. 좋아, 좋아.
　　이번에는 핸드폰을 오른쪽으로 살짝 기울여볼까? 오! 좋아, 바로 지금
　　이야! 찍어."

★ "오호! 한번 볼까? 아빠가 찍은 사진이랑 뭐가 다른지 보자."

★ "도담이가 찍은 건 뚜껑이 보이네! 아하! 이렇게 위로 올려서 찍어야겠
　　구나. 찰칵! 어때 도담아, 똑같아? 달라?"

언어놀이 2 ◆ 베란다 찍기

집 안의 특정 장소를 사진에 담아보세요. 역시 거리와 각도에 따라
프레임에 들어오는 사물의 수와 그림자 모양 등이 달라집니다.

[뇌를 깨우는 말들]

★ "이번에는 아빠가 찍어볼게. 음… 너무 가까운가? 도담아, 어때? 어디
　　서 찍는 게 좋을까?"

★ "아까 그 사진은 정면에서 찍은 거 같은데. 이번 거는 뒤에 그림자가 많
　　이 나왔네. 그리고 이건 빨래 건조대까지 찍혔네. 아하! 멀리서 찍어서
　　그렇구나."

언어놀이 3 ◆ 여러 사물을 모아서 찍기

한꺼번에 여러 사물을 한 프레임 안에 잡아보세요. 거리와 각도에 따라 사진 안에 들어오는 사물의 수와 측면이 달라집니다.

[뇌를 깨우는 말들]

★ "이번에는 아빠가 도담이 사진이랑 똑같이 찍어볼게~ 이 사진에는 뽀로로만 나왔는데, 여기는 에디랑 크롱도 나왔어. 좀 더 뒤로 가서 찍어야겠다. 찰칵! 어때 똑같지?"

★ "네 사진은 칫솔이랑 동전이랑 바나나가 있잖아. 그리고 칫솔 옆면이 보이잖아. 그러니까 아빠가 이렇게 옆으로 가서 뒤로 한 걸음 정도 간다음에 찍으면 될 거 같아!"

이 밖에도 다양한 활동이 가능합니다. 상상력을 발휘해 재미있는 사진사 놀이를 해보세요.

활용할 수 있는 쌍둥이 사진 찍기

● 블록을 쌓은 후 특정 각도에서 사진 찍기
● 소파에 앉은 인물 사진 찍기(정면/측면/후면)
● 거실 사진 찍고 비교하기
● 그림책을 펼쳐 특정 페이지를 찍은 후 다시 덮기
● 정육면체 사물을 의자에 올린 뒤 사진 찍기
● 창밖 풍경 사진 찍기

쌍둥이 사진 찍기 활동을 통해 아이는 다음을 배울 수 있습니다.

- **상대적 위치와 공간 감각:** 아이는 거리와 위치에 따른 변화를 사진으로 확인합니다. 이를 통해 나와 대상의 관계를 공간적으로 이해할 수 있습니다.

- **방향, 각도, 거리와 관련한 어휘:** "좀 더 앞으로 가서 찍자", "오른쪽으로 돌려볼까"와 같이 설명해줌으로써 관련 어휘를 듣고 배울 수 있습니다. 또한 스스로 사진을 찍으면서 해당 표현의 결과를 '체험'할 수 있습니다.

- **비교하고 설명하기:** 어른이 찍은 사진과 아이가 찍은 사진을 비교하면서 무엇이 다른지, 어떻게 다른지를 설명하는 연습을 할 수 있습니다.

 이런
아이들에게
좋아요

- ◆ 방향과 위치를 이해하고 표현하는 시기인 5세 이상의 아이
- ◆ 문장 지시를 수행하는 데 주저하거나 방금 들은 내용을 금세 잊어버리는 아이

10

키보드로
한글 배우기

송사리

눈사람

── 활 동 목 표 ──

◆ **한글 자음과 모음 익히기** ◆ **듣고 글자 구성하기** ◆ **새로운 낱말 배우기**

• 가상 키보드를 두드리며 자음과 모음을 배웁니다.
• 들은 낱말을 글자로 구성합니다.
• 틀린 글자를 바로잡습니다.

일상에서 스마트 기기를 통해 글자와 친해지는 방법을 소개합니다. 도구는 바로 '가상 키보드'예요.

스마트 기기에 검색어를 입력할 때 아이가 스스로 입력하게 해보세요. 가상 키보드를 띄우고 어른이 옆에서 "기역", "아", "비읍", "아", "이응"… 이런 식으로 말해줍니다. 아이는 우리말의 음가를 이해하고 이들을 조합해 낱말을 구성하는 경험을 할 수 있습니다.

놀이는 다음의 순서로 합니다.

① 검색할 낱말을 선택합니다.
② 검색창 빈칸을 터치해 가상 키보드를 화면에 띄웁니다.
③ 입력할 자음과 모음을 어른이 말해줍니다.
④ 아이가 눌러서 글자를 완성합니다.
⑤ 아이가 완성된 글자를 이해했다면, 역할을 바꾸어 아이가 설명하고 어른이 입력합니다.

[뇌를 깨우는 말들]

★ "도담아, 우리 '우유'라고 써보자. 아빠가 말할게, 이응~ 그다음은 우~ 그렇지 바로 거기 맞아, 디귿 아래에 있는 거! 맞아, 맞아!"

★ (단어카드를 보며) 아, '곰'을 찾아보고 싶어? 알았어. 아빠가 입력해볼게. 우선 기역이 맞고. 그다음은 뭐지? 도담아, 뭐 누르면 돼?"

★ "거기 한글 단어카드 중에서 찾고 싶은 거 말해주면 엄마가 글자 누를

게. 아, 이응? 알았어. 이응~."

★ "'또봇'을 찾으려고? 그러면 먼저 옆에 신 버튼, 그래, 그걸 먼저 눌러야 해. 그런 다음에 쌍디귿을 눌러봐. 옳지!"

글자를 배우는 순서

한글 입력을 익힐 땐 쉬운 것부터 연습하세요. 다음의 순서를 따르면 됩니다.

1단계: 받침, 복모음, 쌍자음이 없는 낱말 연습하기

기차, 우유, 아기, 나비, 다리, 마차, 바구니, 시소, 소나무, 조개 등이 있습니다.

2단계: 받침이 있는 낱말 연습하기

겨울, 그릇, 문, 로봇, 송사리, 눈사람, 버튼, 자동차, 물병, 설악산 등이 있습니다.

3단계: 쌍자음이 있는 낱말 연습하기

딸기, 뿡뿡이, 뽀로로, 꿀벌, 싸락눈, 씨앗, 찌르레기, 쏘가리 등이 있습니다.

그림책, 어린이 백과사전, 플래시 한글 단어카드, 영어 단어카드, 잡지, 전단지 등을 활용하세요.

TIP 이런 점도 신경 써주세요

아이들은 대부분 다섯 살쯤 되면 기호와 문자에 호기심을 보이고 일부 아이들은 통글자를 읽습니다. 요즘은 아이들이 글자를 익히는 시기가 빨라지는 추세예요.

문자는 우리에게 구어보다 정확하고 풍부한 정보를 전달해주지만 모든 기호 체계가 그렇듯 규칙이 엄격합니다. 그 영향으로 아이들의 상상력이 문자라는 틀에 갇힐 수 있어요. 그럼에도 미취학 아이들에게 글자 배우기가 주는 이점이 있습니다. 바로 모양과 소리/기호와 의미를 연결하는 연습을 할 수 있다는 거예요. 그래서 스스로 글자를 익히는 데 시간이 걸리거나 산만한 아이에게도 글자 배우기가 도움이 될 수 있습니다. 모양을 보고 말소리를 기억해내고 의미를 연결하는 일련의 과정이 집중력 향상에 도움이 되기 때문입니다.

이런
아이들에게
좋아요
◆ 글자에 관심을 보이는 아이
◆ 발음이 부정확한 아이
◆ 눈과 손을 동시에 사용하는 눈–손 협응 연습이 필요한 아이

11

아나운서 놀이

속보 멧돼지 출몰

활 동 목 표

◆ **정보 전달하기**   ◆ **발표 연습하기**   ◆ **조리 있게 말하기**

• 뉴스 동영상을 보고 따라 합니다.
• 필요한 정보를 정리하여 전달합니다.
• 자기 모습을 찍은 동영상을 보며 발음을 교정합니다.
• 시선, 표정, 자세, 목소리를 교정하고 바르게 말하는 연습을 합니다.

평소 집에서는 말을 잘하는데 사람들 앞에만 나서면 우물쭈물하는 아이들이 있습니다. 부끄러움을 많이 타서 그럴 수도 있고, 잘하려는 마음이 앞서서 그럴 수도 있어요. 대부분 시간이 지나면 나아집니다. 하지만 꼭 사람들 앞에서 말해야 할 때 그렇게 하지 못하면 좌절감이 쌓이고 나중에는 말하기 자체에 공포심을 느낄지도 모릅니다.

이럴 때 할 수 있는 연습이 바로 아나운서 놀이입니다. 인터넷에서 뉴스 동영상을 다운로드받으세요. 영상을 보면서 연습한 다음 혼자 뉴스를 진행하게 하는 거예요. 이 장면을 동영상으로 녹화해 나중에 함께 보면서 잘한 점, 어색한 점 등을 이야기합니다.

보도할 기사 내용은 다음을 참고하세요. 교육, 환경, 청소년 관련 뉴스 등 아이의 생활과 밀접한 관계가 있는 주제라면 더 좋습니다.

언어놀이 1 • 사건 사고 소식 전하기

사건 사고 뉴스는 언제 어디에서 무슨 일이 왜 발생했는지가 주된 내용이에요. 육하원칙(누가, 언제, 어디서, 무엇을, 어떻게, 왜)을 배우기 좋습니다. 아이가 뉴스를 시청한 후 보도 내용을 정리하게 도와주세요.

뉴스의 한 장면

(출처: 연합뉴스 인터넷사이트)

★ "와! 이 뉴스 좀 봐. 어젯밤에 시내에서 멧돼지가 발견됐대. 사람들이 놀라서 도망가네. 그런데 멧돼지가 왜 사람들이 사는 곳까지 내려온 거지? 뉴스를 자세히 들어보자."

★ "그러니까, 멧돼지가 배가 고팠구나. 산에 먹을 게 없었던 거야. 그래서 뉴스에서 뭐라고 그랬더라? 앞으로 산에다가 먹이를 놓아둔다고 했나? 맞아, 그랬구나. 그럼 이제 우리끼리 뉴스를 정리해보자. 언제 어디에서 무슨 일이 있었니? 하나하나 적어볼까?"

★ "정리를 잘했나요? 자, 그럼 오늘 뉴스를 전해드리겠습니다. 양도담 앵커 준비되었나요? (동영상 촬영을 준비한 뒤) 준비~ 시작!"

★ "네가 한 뉴스 동영상 보니까 어때? 정말 아나운서 같지 않아? 진짜 잘하더라. 그런데 뉴스를 할 때는 카메라를 쳐다봐야 해. 알겠지. 이번에는 고개를 숙이지 말고 해보자."

언어놀이 2 · 날씨 전하기

우리나라 날씨는 매우 역동적입니다. 비가 왔다가 금세 개고, 멀쩡하던 하늘에 번개가 치기도 해요. 날씨 뉴스를 하면서 관련 표현을 배울 수 있습니다.

또한 날씨 뉴스는 시청자에게 필요한 행동을 안내해요. 비가 오니 우산을 준비하라거나, 교통 체증이 예상되니 대중교통을 이용하라고 말해줍니다. 비가 너무 안 와서 가뭄이 들거나 태풍이 우리나라로 향할 것으로 예상되면 대처 방법을 알려줍니다. 날씨 뉴스를 잘하려면 듣는 사람의 입장도 고려해야 해요.

일기예보의 한 장면

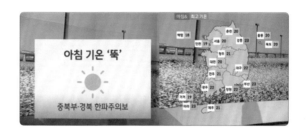

[뇌를 깨우는 말들]

★ "도담아, 지난주에 비가 엄청 왔잖아. 그런데 남쪽 지방에는 안 왔대. 서울과 수도권만 그랬나 봐. 외려 강원도는 비가 안 와서 가물다네? 어휴, 걱정이다. 어쨌든 이 뉴스를 정리해서 우리가 직접 발표해보자."

★ "자, 그럼 녹음한다. 도담아, 자기소개부터 할까? 어디에 사는 누구세요? (아이의 자기소개: "네, 저는 우리마을 우리동네에 사는 양도담입니다. 오늘의 날씨를 말씀드리겠습니다.") 아유, 잘한다. 계속~."

★ "영상 보니까 어때? 정말 멋지지. 그런데 소리가 작아서 잘 안 들리네. 이번에는 좀 더 큰 소리로 또박또박 말해볼까? 그럴 수 있지? 좋아! 한 번 더, 준비~ 시작!"

언어놀이 3 ◆ 캠페인 소식 전하기

일회용품 사용을 줄이자거나 환경보호를 위해 대중교통을 이용하자는 내용의 캠페인이나 관련 뉴스가 많아요. 이러한 주제는 학교에서 배우는 내용과도 관련이 깊습니다. 관련 자료를 참고해 직접 뉴스를 만들어보세요.

[뇌를 깨우는 말들]

★ "도담아, 뉴스를 보니까 환경문제가 정말 심각하다, 그치? 우리가 북극곰을 살리려면 어떻게 해야 할까? 그래? 환경을 보호해야지. 맞아! 뉴스에서 어떻게 하면 환경을 보호할 수 있대? 그래, 맞아. 쓰레기를 함부로 버리면 안 돼. 또 뭐가 있을까?"

★ "자, 뉴스를 다 만들었으면 이제 발표를 해보자. 먼저 자기소개를 하고, 그다음에는 환경문제를 말하는 거야. 그다음에 우리가 아까 한 얘기를 보태자. 알겠지? 그럼 준비~ 시작!"

언어놀이 4 ◆ 스마트폰 앱 활용하기

뉴스 동영상은 방송국 사이트나 블로그 등에서도 쉽게 찾아볼 수 있어요. 하지만 가장 많은 곳은 유튜브 같은 동영상 전문 사이트입니다. 이런 사이트에 올라온 동영상을 mp4 파일 등으로 전환해주는 곳이 있습니다. 뉴스 동영상을 기기에 저장해두면 필요할 때 언제든 꺼내서 볼 수 있습니다.

뉴스 발표하기를 통해 아이들은 다음을 배울 수 있습니다.

- **정보의 선별과 요약:** 뉴스 내용 중에서 마음에 드는 내용을 추리고 이를 자기 나름대로 요약합니다. 그러면서 정보를 선별하고 글로 요약하는 연습을 할 수 있습니다.

- **발성 및 발음을 조절:** 아나운서, 앵커, 리포터의 말하기는 발표할 때 모범으로 삼기에 부족함이 없습니다. 웅얼거리거나 말끝을 흐리는 버릇이 있다면 이를 고치는 계기로 삼아보세요.

- **자신감 증진:** 남 앞에서 말하기를 꺼리는 아이들은 대부분 단상에 선 자신의 모습을 상상하며 공포에 사로잡힙니다. 그러나 동영상으로 또박또박 말하는 자신의 모습을 확인하면 이러한 불안이 괜한 걱정에 불과하다는 걸 알게 돼요. 동영상 피드백은 객관적으로 자신의 발화를 관찰하는 데 도움이 됩니다.

이런
아이들에게
좋아요

◆ 두서없이 이야기를 늘어놓는 아이
◆ 부끄럼이 많아 사람들 앞에서 말하기를 주저하는 아이
◆ 이야기할 때 말을 너무 빨리 하거나 중요한 사실을 빠뜨리는 아이

12

말 속도 조절 연습하기

안–녕–하–세–요

활 동 목 표

◆ **일정한 속도로 말하기** ◆ **말의 빠르기 조절하기**

• 메트로놈 속도에 맞춰 말합니다.

• 속도를 높이거나 낮추면서 말소리를 조절합니다.

• 메트로놈 박자에 맞춰 동작을 하며 말합니다.

• 유연하게 말 속도를 조절하는 연습을 합니다.

일정한 속도로 똑딱똑딱 소리를 내는 메트로놈은 말소리를 조절할 때 활용하면 유용합니다. 말을 더듬는 아이나 상대방이 못 알아들을 정도로 말이 빠른 아이, 산만해서 주의 집중이 어려운 아이도 도움을 받을 수 있어요. 메트로놈이 속도를 시청각적으로 인식하게 해주기 때문입니다. 다음을 참고하세요.

언어놀이 1 ◆ 일정한 속도 유지하기

메트로놈 박자에 맞춰 말하거나 노래합니다.

[뇌를 깨우는 말들]

★ "안녕하세요. 오늘 대결은 박자 맞춰 노래 부르기! 자, 먼저 엄마 차례. 잘 보고 따라 해요. 나-는-야-주-스-될-거-야-나-는-야-케-첩-될-거-야."

★ "자, 이번에는 박자 맞춰 자기소개하기! 속도는 100으로 합니다. 엄마 먼저 시작할게. 안-녕-하-세-요-저-는-행-복-마-을-에-사-는- 도-담-이-엄-마-예-요. 어때, 안 틀렸지? 휴~ 다행이다. 이번엔 도담이 차례!"

언어놀이 2 ◆ 점점 빠르게/느리게 말하기

메트로놈 옵션을 점점 빠르게 혹은 점점 느리게 조정하면서 다양한 속도로 말하는 연습을 합니다.

★ "오늘은 비나리만 양노님의 사시소개가 있겠습니다. 어디에 사는 누구시죠? 좋아하는 음식과 싫어하는 음식은 무엇인가요? 그럼, 자기소개 부탁합니다. 속도는 100에서 시작합니다. 점점 빨라질 거예요."

★ "이번에는 아빠가 먼저 합니다. 이야기 제목은 '양치기 소년'! 속도가 점점 느려질 거예요. 그럼 시이작~! 옛-날-옛-날-어-느-마-을-에-양-치-기-소-년-이-살-았-습-니-다—그—런—데—이—소—년—은—너—무—심—심—했—어—요…."

★ "이번엔 도담이 차례. 빨라졌다 느려졌다 할 거예요. 박자에 맞춰 이야기해주세요. 제목은 '해님 달님'. 시작!"

언어놀이 3 ◆ 박자에 맞춰 동작 취하면서 말하기

똑딱똑딱 소리에 맞춰 제자리걸음을 하거나 손뼉치기, 탁자 두드리기를 합니다. 말에 동작을 곁들이기 때문에 속도 맞추기에 좀 더 신경을 써야 합니다.

[뇌를 깨우는 말들]

★ "이번 미션은 제자리걸음하며 노래하기입니다. 똑딱똑딱 소리에 맞춰주세요. 시작합니다! 아-기-상-어-뚜-루-루-뚜-루-엄-마-상-어-뚜-루-루-뚜-루…."

★ "오~ 점점 빨라져요. 헉헉, 숨이 차네요. 도담아, 속도 좀 낮춰줘~."

★ "다음은 도담이가 손으로 책상을 두드리면서 노래할 거예요. 똑딱똑딱
소리에 맞춰주세요. 〈아기 상어〉 노래 시작~"

★ "엄마는 박수 치면서 노래 부른다. 박자 틀리나 안 틀리나 잘 봐줘. 시
작한다. 아–기–상–어–뚜–루–루–뚜–루–엄–마–상–어…."

<table>
<tr><td>이런
아이들에게
좋아요</td><td>◆ 말을 더듬는 아이
◆ 말하는 속도가 너무 빠르거나 너무 느린 아이
◆ 대화할 때 집중이 더 필요한 아이(메트로놈 소리 집중해서 듣기)</td></tr>
</table>

Step 3

일상에서
언어놀이
적용하기

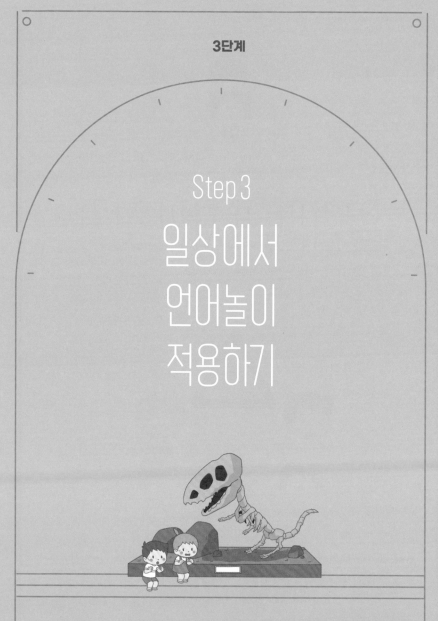

집 안에 명사가 있다면 집 밖에는 동사와 형용사가 있습니다. 또한 사회적 규칙이, 있고 이를 알리는 기호와 문자가 있습니다. 집 밖 놀이를 하면서 다양한 경험을 통해 어휘를 늘리고 상황에 맞는 표현을 익힐 수 있습니다. 이번에는 아이의 손을 잡고 집 밖에서 활동하며 언어 발달을 도울 방법을 소개합니다.

01

알림판, 표지판 찾기

활 동 목 표

◆ 상징 이해하기　◆ 사회적 규칙 배우기　◆ 이유 설명하기

• 집 밖에서 각종 경고 표시, 알림판 등을 찾습니다.

• 표지판의 의미를 설명해줍니다.

• 상상력을 동원해서 표지판의 내용을 추론합니다.

• 눈에 띄는 표지판을 사진에 담고, 왜 그런 상징을 사용했을지 함께 이야기합니다.

집 밖에는 수많은 기호가 있습니다. 거리로 나서면 건너야 할 때와 멈춰야 할 때를 알리는 신호등이 있고, 도로 표지판을 포함해 각종 안내 표시도 있습니다. 공원에도 사용 규칙 등을 담은 그림판이 있습니다. 동물원, 수영장 등 많은 사람이 모이는 장소에서도 이러한 그림 기호를 쉽게 찾아볼 수 있습니다. 바깥나들이를 하면서 이런 것들을 눈여겨보고 그 의미를 말해주세요. 사진으로 찍은 뒤에 집에 돌아와서 함께 보며 많은 이야기를 나눌 수도 있습니다.

언어놀이 1 • 교통 표지판 찾기

아이와 함께 바깥나들이를 하다가 도로 표지판을 발견하면 사진으로 찍습니다. 아이와 함께 사진을 보면서 각 표지판의 의미에 대해 알려줍니다.

[뇌를 깨우는 말들]

★ "신호등에 빨간불이 들어왔네. 길을 건너면 안 된다는 뜻이야."

★ "도담아, 저기 앞에 '공사 중' 표지판 보이니? 맞아, 사람이 삽으로 땅을 파고 있어. 그러니까 그 근처를 지날 때는 조심하라는 뜻이야."

★ "여기서 '출입 금지' 표시가 어디 있더라? 엄마가 못 찾겠네."

★ "도담아, 여기 '주차 금지' 표시가 있어. 이곳에는 차를 두면 안 돼."

★ "어? 여기 주차장 바닥에 무슨 표시가 되어 있네. 뭘까?"

집 밖에서 볼 수 있는 교통 표지판들

도로: 건널목 신호등, 어린이 보호, 학교 앞 천천히, 주차 금지, 보행 금지, 출입 금지, 일방통행, 좌회전, 우회전, 도로 폭 좁아짐, 도로 공사 중, 낙석 주의, 곡면 도로, 자전거 도로, 자동차 전용 등

주차장: 주차장 입구 표시, 여성 전용, 장애인 전용, 만차 표시, 전기차 충전 등

대중교통: 정류장 표시, 기대지 마시오, 뛰지 마세요, 화장실, 엘리베이터, 환승장, 계단, 비상구, 우측 보행, 금연 구역, CCTV 구역 등

다양한 교통 표지판들

언어놀이 2 · 시설에서 알림이나 경고 표시 찾기

공원, 동물원, 수영장, 박물관 등 나들이를 하며 알림이나 경고 표시를 찾아 사진에 담습니다. 집에 돌아와 사진을 함께 보면서 이야기합니다.

[뇌를 깨우는 말들]

★ "도담아, 요 앞에 있는 표지판 봤어? 이건 새 그림 같고 이건 사람 손 그림인데… 무슨 뜻일까?"

★ "'비둘기에게 먹이를 주지 마세요'라고 쓰여 있어. 비둘기가 과자 먹으면 아야야야 하나 봐. 조심하자~."

★ "아, 이건 무슨 그림이지? 빨간 동그라미랑 가위 표시 안에 사진기가 그려져 있네?"

★ "그래, 맞아! 여기서는 사진을 찍으면 안 되나 봐. 조심하자~."

★ "도담아, 이건 소화기 표시야. 불이 나면 여기 있는 소화기로 불을 끄라는 뜻이야. 불조심하세요~."

★ "와! 여기 멍멍이 그림이 그려져 있네. 뭘까? 궁금하다."

★ "딩동댕~ 도담이가 알아맞혔네! 맞아, 맞아. 멍멍이 응가하면 잘 치워야 해. 공원에는 사람들이 많이 오니까."

공원: 쓰레기 투기 금지, 낚시 금지, 물놀이 금지, 야영 취사 금지, 음주 금지, 반려동
　　물 배설물 주의, 반려동물 목줄 착용, 금연, 꽃을 꺾지 마세요, 취수장 표시, 음
　　료대 표시, 잔디 보호 등

박물관 등 전시장: 손대지 마세요, 조용히, 촬영 금지, 식당 표시, 매점 표시 등

수영장: 샤워실, 탈의실, 음주 금지, 보호자 동행 표시, 수심 표시, 다이빙 금지, 튜브
　　사용 금지 등

어린이 공원 등 공공시설 안내 표시

각종 표지판을 구경하면서 아이들은 다음을 배울 수 있습니다.

- **기호와 의미를 연결:** 이모티콘, 픽토그램 등은 개념이나 메시지를 곧바로 알아차릴 수 있게끔 기호화한 것입니다. 단순화한 형태를 의미와 연결 짓는 작업은 언어적 활동입니다. 아이들이 다양한 기호에 노출되는 것, 그 의미를 어른들과 함께 이야기하는 일은 언어적 개념화, 문자 습득을 돕습니다.

- **사회적 규칙의 이해:** 모든 기호에는 메시지가 있습니다. 우리가 집 밖에서 만나는 표시들은 해당 장소에서 지켜야 할 에티켓과 규칙을 담고 있습니다. 아이들은 각종 표시문을 보면서 해야 할 것, 하지 말아야 할 것을 언어적으로 이해할 수 있습니다.

 이런
아이들에게
좋아요

◆ 공공시설물 표지판에 관심을 보이는 아이
◆ 사회적 규칙을 익혀야 할 시기의 아이

02

간판 구경하기

활 동 목 표

◆ **상징 이해하기**　◆ **글자 배우기**　◆ **추론하기**　◆ **간판 만들기**

• 집 밖에서 간판을 구경합니다.
• 간판에 등장하는 상징물을 보고 무엇을 하는 곳인지 생각해봅니다.
• 인터넷에서 재미있는 간판을 찾아보고 함께 이야기 나눕니다.
• 직접 간판에 들어갈 상징을 그려봅니다.

간판에는 글자와 함께 각종 문양이나 기호, 상징들이 있습니다. 물건을 파는 가게라면 간판에 해당 물건을 상징하는 그림이 있고, 상업용 건물에는 입주한 업체들의 업무를 알리는 기호들이 있어요. 우체국, 경찰서, 병원 같은 시설에도 고유의 상징이 있어서 글자를 모르는 아이들도 무엇을 하는 곳인지 추측할 수 있습니다. 함께 구경하면서 다음과 같이 이야기 나눠보세요.

언어놀이 1 ◆ 무엇을 하는 곳일까?

아이와 함께 간판 구경을 합니다. 기호나 상징을 보고 어떤 장소인지, 그렇게 생각한 이유는 무엇인지 이야기합니다. 동네 산책을 하면서 특이한 간판을 보면 사진으로 찍어서 귀가 후에 아이와 함께 보며 무엇을 하는 곳인지 알아맞히기를 해보세요. 왜 그렇게 생각했는지 이유를 이야기해보세요. 인터넷 검색을 통해 예쁘고 흥미로운 간판을 다운로드받아서 알아맞히기 놀이를 할 수도 있습니다.

[뇌를 깨우는 말들]

★ "와, 여기 신기한 간판이 있다. 뭐 하는 곳일까?"

★ "국수? 오, 도담이가 국수라는 말을 알고 있었네! 그런데 왜 이곳이 국수 가게라고 생각했어? 젓가락? 아, 국수는 젓가락으로 먹으니까? 그래, 그렇구나!"

★ "맞아, 짬뽕도 국수의 일종이야. 도담이가 알아맞혔네~"

★ "이 가게 이름은 '심야식당'이야. 그런데 왜 간판에 달님 그림을 넣었을까?"

★ "여기 뭐라고 쓰여 있냐고? '불타는 닭갈비'라고 쓰여 있어. 맞아, 그래서 불꽃 모양이 그려져 있었던 거야!"

★ "목욕탕 표시는 왜 이렇게 생겼느냐고? 음, 그건 뜨거운 물에서 김이 피어오르는 모양을 흉내 낸 게 아닐까?"

★ "여기 물고기 그림이 그려져 있네! 뭐 하는 곳일까?"

★ "도담아, 여기는 식당이 아니야. 수족관이야. 그런데 왜 식당이라고 생각했어?"

★ "도담아, 이건 뭐 같아? 맞아, 사람이야. 그런데 양쪽에 무언가를 들고 있네. 음, 아빠는 모르겠다. 옆에 '헬스 어쩌구'라고 쓰여 있는데, 도대체 무얼 하는 곳일까?"

간판들

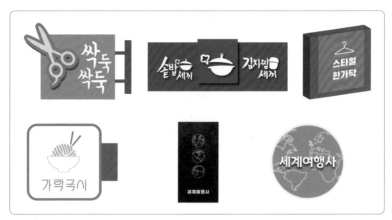

(출처: 2021년 서울시 좋은 간판 공모전 수상작)

174

언어놀이 2 · 간판 그리기

이번에는 직접 간판을 만들어보겠습니다. 그림 그리기 도구를 준비해주세요. 간판을 만들 가게나 기관, 시설 등을 정하고 간판을 그립니다. 어떤 그림이나 기호를 사용할지, 이름은 무엇으로 지을지 아이와 의논해보세요.

[뇌를 깨우는 말들]

★ "엄마는 우리 집 간판을 만들었어. 꽃을 그려넣고 그 아래에 세 식구를 그렸지. 왜냐하면 우리 집은 꽃향기가 나니까. 그래서 간판 제목은 '꽃님이네 집'이야. 하하하!"

★ "오! 이건 무슨 간판이야? 동물원? 그런데 왜 동물이 사자밖에 없어? 아, 사자는 동물의 왕이라서? 그렇구나. 동물원 이름을 뭘로 할 거야? 사자 왕 동물원? 음… 그렇구나."

★ "우리 이번에는 어린이집 간판 만들어보자. 도담이는 어린이집에서 뭐가 제일 좋아? 미나리반 선생님? 그렇구나. 그럼, 선생님 얼굴을 그려볼까? 거기다가 병아리나 꼬마 오리를 그려넣으면 어떨까? 그러면 정말 귀여울 거 같은데."

모든 상징에는 뜻이 담겨 있어요. 간판 구경하기, 그리기 놀이를 통해 아이들은 다음을 배울 수 있습니다.

- **상징 이해:** 상징에 담긴 의미를 언어적으로 해석하고 표현하는 연습을 할 수 있습니다.
- **연상 연습:** 상징을 보고 이와 연관한 다양한 사물을 생각해보면서 상상력을 기를 수 있습니다.
- **이유 설명 연습:** 상징을 보고 왜 그런 생각을 떠올렸는지를 두고 이야기 나누면서 이유 말하기 연습을 할 수 있습니다.

이런
아이들에게
좋아요

- ◆ 바깥나들이를 좋아하는 아이
- ◆ 호기심이 많아 자주 물어보는 아이
- ◆ 글자를 막 알아가기 시작한 아이

176

03

편의점에서 물건 사기

━━━━━━━━━ **활 동 목 표** ━━━━━━━━━

◆ **물건을 사고파는 순서 배우기**   ◆ **일상적 표현 익히기**   ◆ **새로운 낱말 배우기**

• 필요한 물건은 무언인지, 어디에서 파는지, 가까운 가게가 어디에 있는지 등을 이야기합니다.

• 아이와 함께 가게에 가서 물건을 고르고 계산하는 과정을 말로 설명합니다.

• 물건 구입 과정을 사진에 담아 함께 보며 이야기합니다.

아이들은 심부름하기를 좋아합니다. 하지만 집 밖은 위험해서 혼자 내보낼 수가 없어요. 그래서 편의점 사기는 어른이 함께 해야 하는 심부름입니다. 그 과정은 이렇습니다. 아이와 함께 사야 할 물건을 정하고 집을 나서요. 편의점에 도착해서 살 물건을 찾고 계산대에 올립니다. 값을 지불하고 물건을 담아 집으로 돌아옵니다. 그 사이에 아이는 많은 말을 배울 수 있습니다.

심부름 과정을 사진으로 찍어두면 집에 돌아와서 아이와 함께 이야기할 수 있습니다. 다만, 아이 손을 놓칠 수 있으므로 주의가 필요해요.

언어놀이 1 ◆ 살 물건 정하기

필요한 물건이 무엇인지 함께 이야기합니다. 물건이 떠올랐다면 지금 당장 필요한지, 미래의 어느 시점에 필요한지, 필요하다면 왜 필요한지, 얼마나 필요한지를 함께 이야기해보세요.

[뇌를 깨우는 말들]

★ "도담아, 마스크가 다 떨어졌어. 어떡하지? 당장 쓸 게 없네. 우리 요 앞 편의점에 가서 사 올까?"

★ "아빠가 지금 음료수 사러 편의점에 갈 건데 도담이도 같이 갈래? 뭐 필요한 거 없어?"

★ (텔레비전을 보다가) "오, 도담아. 저거 맛있어 보인다. 우리 저거 사 먹을까? 편의점에서 판다는데, 같이 가보자."

178

★ "아이스크림 먹고 싶다고? 냉장고에 없다고? 그럼 어쩌지… 도담아, 그럼 함께 편의점에 갈까? 좋아?"

언어놀이 2 ◆ 목적지로 이동하기

집 밖으로 나설 때 해야 할 일을 챙겨주세요. 그리고 각각의 동작들, 즉 문 열기, 엘리베이터 타기, 버튼 누르기, 계단 내려가기, 자전거 타기 등 지금 하고 있는 동작들을 어른이 말로 들려줍니다.

[뇌를 깨우는 말들]

★ "밖에 추우니까 옷 챙겨 입고 나가자. 뭘 입어야 하지? 장갑이랑… 또 뭐가 있을까?"

★ "옷을 든든히 입었으니 이제 밖으로 나가볼까? 자, 엄마가 문을 열어요. 밖으로 나왔어요. 문을 잠글까요? 좋아요. 문을 잠갔어요. 이번에는 도담이가 엘리베이터 버튼을 눌러주세요."

★ "오, 정말 안 추운데! 점퍼 안 입고 나오길 잘했다. 헬멧은 챙겼으니까, 이제 자전거 거치대로 가볼까? 우리 자전거 거기 있지? 자, 도담이가 앞에 앉고 아빠가 뒤에 탄다. 편의점으로 출발~ 아차! 도담아, 우리 뭐 사기로 했지?"

★ "킥보드 타고 간다고? 알았어. 그럼 헬멧을 쓰자. 넘어지면 다치잖아. 팔꿈치랑 무릎에 보호대도 하고. 저기 서랍 안에 있어. 가져다줄래?"

언어놀이 3 ◆ 위치 설명하기

지금 있는 곳에서 목적지까지 거리가 얼마나 될지, 시간은 얼마나 걸릴지, 어느 방향으로 어떻게 가면 좋을지 이야기하세요.

[뇌를 깨우는 말들]

★ "당근편의점으로 가자. 도담이 한 번도 안 가봤지? 저기 세탁소 보이니? 거기서 왼쪽으로 돌아서 쭉 가면 금방이야. 한 5분 걸릴까? 가자!"

★ "포켓몬빵은 병아리편의점에서만 판다고? 좋아, 그럼 편의점 위치 찾기. (스마트폰으로 검색한 후) 됐다. 도담아, 아빠가 알아보니까 아파트 입구에서 도로를 따라서 오른쪽으로 50미터 거리에 있대. 갔다 오자."

언어놀이 4 ◆ 물건 찾기

편의점에 도착했으면 물건이 어디에 있는지 찾아봅니다. 이때 어느 코너에 어떤 물건이 있는지를 말하면서 함께 살펴봅니다. 아이가 직접 직원에게 물어보게 해도 좋아요.

[뇌를 깨우는 말들]

★ "마스크, 마스크가 어디에 있나… 여기에는 밴드랑 볼펜이 있네. 도담아, 우리 일하는 분한테 물어볼까? 네가 말해봐. '아저씨, 마스크 어디에 있어요?', 이렇게."

★ "여기엔 과자랑 라면이 있네. 저쪽으로 가보자. 아, 여기는 김밥이랑 샌

드위치처럼 먹는 것이고, 저기는 음료수고… 도담이가 저쪽 가서 찾아볼래?"

언어놀이 5 ◆ 계산하기

물건을 사고파는 일은 일상적 행위입니다. 그런데 여기에는 규칙이 있어요. 물건을 보여주고 값을 확인한 후 값을 지불하는 일련의 과정을 거쳐야 해요. 어른에게는 너무도 당연하고 익숙한 절차이지만 아이에게는 신기한 일입니다. 관련 표현을 들려주고 직접 물건을 판매대에 올려놓고 "얼마예요?"라고 말하게 해보세요.

언어놀이 6 ◆ 돌아오기

왔던 길로 되돌아갈지 아니면 다른 길로 갈지 상의해보세요. 아이가 왔던 길을 기억한다면 어디로 가면 좋을지 물어보세요. 아이가 방향을 가리키면 어른이 앞장서보세요.

왔던 길로 되돌아간다면 잠깐 사이의 변화를 관찰해보세요. 달라진 풍경은 없나요? 혹시 그림자가 더 길어졌을까요? 오는 길에 미처 보지 못한 것은 없나요? 관찰하다 보면 돌아오는 길이 심심하지 않습니다.

TiP 이런 점도 신경 써주세요

목적지로 이동하고 그곳에서 해야 할 일을 해내는 과정은 아이들에게 매우 특별한 경험입니다. 그 안에서 아이들은 많은 것을 배울 수 있습니다.

- **과정을 이해:** 특정 장소에 가려면 집 밖을 나서야 합니다. 문을 열면 복도가 보이고 계단이나 엘리베이터가 나옵니다. 자전거를 이용할 경우 자전거 거치대에서 자전거를 가져옵니다. 자전거를 타고 목적지인 편의점에 가서 마스크를 삽니다. 계산을 하고 갔던 길을 되돌아 집으로 돌아옵니다. 이런 일련의 활동은 자기 경험을 시간의 흐름에 따라 이해하는 데 큰 도움이 됩니다.

- **시설 이용법 및 절차를 이해:** 편의점에는 여러 물건이 많습니다. 목적했던 물건을 사려면 먼저 그 물건을 찾아야 합니다. 이후에 계산대로 가서 현금이나 카드로 값을 지불하고 영수증을 확인한 후 잔돈이나 카드를 받아 지갑에 넣습니다. 물건을 봉투에 담아 집으로 돌아옵니다. 이러한 과정은 시설 이용에 관한 일종의 사회적 약속입니다. 어른과 함께 이러한 절차를 경험하고 언어적으로 이해할 수 있습니다.

- **변화와 흐름을 언어적으로 이해:** 집은 따뜻하고 조용합니다. 거리에 나가면 찬바람이 불고 자동차 경적 소리가 들려요. 목적지인 편의점에 들어서면 다시 따뜻한 기운이 감돕니다. 집을 나설 때는 해가 질 무렵이었는데 집에 돌아오니 완전히 어두워졌어요. 이러한 변화와 시간의 흐름을 언어적으로 이해할 수 있습니다.

- **이동 수단의 기능과 사용법을 숙지:** 목적지까지 걸어간다면 우선 옷을 잘 챙겨입고 신발을 신어야 합니다. 킥보드는 발로 밀면서 움직입니다. 자전거를 타려면 헬멧을 챙겨야 합니다. 마을버스를 타려면 정류장에서 줄을 서야 해요. 교통카드를 태그해야 하고 내릴 때는 벨을 눌러야 합니다. 어른과 함께 하면서 각종 이동 수단의 기능과 사용법을 익힐 수 있습니다.

이런
아이들에게
좋아요

- ◆ 다른 사람 앞에서 말하기를 주저하는 아이
- ◆ 가게 물건 구경하기를 좋아하는 아이

04

어린이 도서관 다녀오기

--- **활동 목표** ---

◆ 계획 세우기   ◆ 도서관에서 책 빌리는 순서 배우기   ◆ 일상적 표현 익히기

• 도서관에 갈 준비를 하면서 미리 보고 싶은 책을 정합니다.

• 도서관까지 이동하는 과정을 설명합니다.

• 도서관 내 각 공간의 기능에 대해 이야기합니다.

• 필요한 책이 어느 코너에 있을지 함께 찾아봅니다.

• 책 빌리는 과정을 말로 설명합니다.

동네에는 작은 도서관, 어린이 도서관 등이 있습니다. 그림책이나 동화책을 빌릴 수 있고 편의시설을 이용하면서 힌둥인 시간을 보낼 수 있어요. 주말 등 시간이 날 때 아이 손을 잡고 동네 도서관에 다녀오세요. 집을 나서고, 길을 이동해 도서관에 도착해서 도서관을 구경하고 책을 빌려 다시 집으로 돌아오는 과정은 아이에게 집 안에서 배울 수 없는 말들을 접하고 이야기 나눌 기회가 됩니다.

언어놀이 1 ◆ 집 나서기

준비물을 챙기고 집을 나섭니다. 집을 나서기 전에 어디에 가는지, 그곳에서 무엇을 할지 이야기해보세요.

[뇌를 깨우는 말들]

★ "오늘은 도서관에 갈 거야. 옷 입을까? 책도 빌릴 거니까, 책 담을 가방도 챙기자. 도담아, 네 방에서 에코백 가져와. 에코백이 뭐냐고? 헝겊으로 만든 네모난 가방 있잖아. 손에 드는 거. 매는 거 말고."

★ "오늘 도서관에서 원화 전시회를 한대. 함께 가보자. 도담이가 좋아하는 〈방귀대장 뿡뿡이의 이상한 모험〉도 있으려나?"

★ "오늘은 토요일! 도담아, 우리 함께 어린이 도서관에 가서 책 구경하다가 오자. 그리고 오는 길에 식당에 들러서 짜장면을 먹는 거야, 어때?"

언어놀이 2 ◆ 도서관 구경하기

요즘 도서관은 책만 읽는 곳이 아닙니다. 다양한 활동이 이루어지는 곳이에요. 건물 안내도를 살펴서 전체 구조를 파악하고, 도서관 곳곳을 다니면서 무얼 하는 장소인지 말해주세요.

[뇌를 깨우는 말들]

★ "우리 1층 로비로 가자. 거기서 전시회 한대. 오! 새로 지었나 봐. 건물이 엄청 깨끗하다."

★ "도담아, 이리 와. 여기 건물 안내도가 있어. 지하에 어린이 카페랑 식당이 있네! 우리 이따가 내려가서 주스 마실까?"

★ "자, 여기는 열람실이야. 열람실은 책을 보는 곳이야. 저기 푹신한 소파도 있다. 우리 무슨 책 무슨 책 있나 볼까?"

★ "정기간행물실은 잡지나 신문이 있는 곳이야. 동화책은 어린이 코너에 따로 모아둔 모양이야. 우리 엘리베이터 타고 3층으로 가보자."

언어놀이 3 ◆ 빌릴 책 정하기

책을 빌리는 과정에서도 많은 말을 들려줄 수 있습니다.

[뇌를 깨우는 말들]

★ "이 책 어때? 도담이가 좋아하는 돌고래 이야기야. 그리고 이건 《괴물들이 사는 나라》. 이건 옛날이야기. 다 싫어? 그럼 네가 직접 골라볼래?"

★ "아빠가 일전에 봐둔 책이 있는데, 어디에 있더라…. 저기 검색대에 가서 컴퓨터로 알아보자."

★ "도담아, 책 제목이 뭐라고? 잠깐만, 엄마가 키보드로 입력할게. 뭐? '신비하고 징그러운 도시 괴담'? 애들이 볼 수 있는 책이야?"

언어놀이 4 ◆ 책 대출받기

책을 빌리려면 회원증이 있어야 합니다. 회원증을 이미 만들었다면 책과 함께 제출하고 책의 바코드를 확인한 후 돌려받아요. 아이가 직접 도서관 사서에게 말을 걸어보게 해보세요. 언제까지 반납해야 하는지도 물어볼 수 있어요.

[뇌를 깨우는 말들]

★ "그 책 어때? 재밌어? 그럼 우리 빌려 갈까? 저 앞으로 가서 '이거 빌려주세요' 해. 부끄러워? 알았어, 엄마가 대신 말해줄게."

★ "도담아, 이거 빌리려면 회원증을 만들어야 한대. 여기다가 써보자. 이름은 양도담. 나이는 다섯 살. 그리고 연락처. 도담아, 아빠 전화번호 알지. 여기에 적어볼래?"

★ "자, 이렇게 책이랑 회원증을 저분께 가져다드리면서 '빌려주세요' 해. 그러면 바코드를 찍고 나서 다시 너에게 주실 거야. 그러면서 책을 언제까지 가져다줘야 하는지도 알려주실 거고. 바코드가 뭐냐고? 여기 책 옆구리에 찍힌 검은 선들 보이지? 그게 바코드야. 책마다 자기 이름

처럼 바코드가 달라."

언어놀이 5 ◆ 돌아오기

책을 빌렸다면 이제 가방에 담아 집으로 갑니다. 오늘 도서관에서
한 일은 무엇인지, 기분(느낌)이 어땠는지, 어떤 책이 제일 재미있었는지,
다음에는 무슨 책을 빌릴지 이야기해보세요.

[뇌를 깨우는 말들]

★ "우리, 집에 갈 때는 마을버스를 타자. 저 앞에 정류장이 있어. 거기서
  100번 버스 타면 돼."

★ "도서관 가니까 어땠어? 그래? 재미있었어? 어떤 책이 제일 좋았어?
  맞아, 엄마도 그 책 재미있더라. 며칠 뒤에 새 책 들어온다니까 다음 주
  에 함께 또 오자."

★ "아까 도서관에서 지우 만났을 때 모른 체하더라. 왜? 반갑지 않았어?
  도담이 너, 설마…."

★ "오늘 우리가 빌린 책들이야. 집에 가서 재미있게 읽자. 이 주일 동안
  빌렸으니까 다음 달 8일까지 반납하면 돼. 시간 많으니까 천천히 보자.
  아, 참! 그리고 여기 보니까, 깨끗하게 간수 잘하라고 적혀 있네. 그래
  야 다른 친구들도 이 책을 볼 수 있대."

도서관은 여럿이 함께 이용하는 공공시설입니다. 아이는 이곳에서 다음을 배울 수 있습니다.

- **사회적 규칙:** 도서관에서는 조용히 행동해야 합니다. 다른 사람에게 방해가 되기 때문이에요. 또한 책을 볼 때는 다음 사람도 사용할 수 있도록 깨끗이 조심해서 다루어야 해요. 허락 없이 책을 가지고 건물 바깥으로 나갈 수 없으며, 집에서 보려면 절차를 거쳐 책을 빌려야 해요. 이러한 규칙은 모두 언어로 설명됩니다. 아이가 이러한 규칙을 잘 익힐 수 있도록 도와주세요.

- **공간과 쓰임새:** 도서관은 각 층마다 용도가 다른 공간이 배치되어 있습니다. 책을 보는 곳, 책을 빌리는 곳, 신문과 잡지를 보는 곳, 음악·영상 자료를 사용하는 곳, 식당, 휴게실 등 공간이 다양합니다. 안내도에 적힌 설명을 살핀 뒤에 이들 공간을 구경하면서 무엇을 하는 곳인지, 주로 어떤 사람들이 오는지 함께 이야기해보세요.

- **새로운 경험:** 도서관은 지역 문화공간으로서 교양강좌 및 아이들이 좋아할 만한 행사도 자주 열려요. 즐겁고 유익한 시간을 보내면서 아이와 나눌 이야깃거리가 많은 장소입니다.

 이런
아이들에게
좋아요

◆ 책 읽기를 좋아하는 아이
◆ 공공시설 이용 방법과 절차를 배울 시기의 아이

05

고궁 다녀오기

활동 목표

◆ **나들이 계획 세우기** ◆ **안내도 보기** ◆ **일상적 표현 익히기** ◆ **새로운 낱말 배우기**

• 인터넷에서 고궁에 있는 시설물 등을 미리 살펴보고, 그곳에 가서 할 일을 계획합니다.

• 고궁에 있는 시설들을 둘러보며 이야기합니다.

• 지도와 팸플릿 내용을 살펴보고 실제 고궁의 모습과 비교합니다.

• 각종 표시와 안내방송의 의미를 이야기합니다.

고궁에는 도심에서 볼 수 없는 것들이 많습니다. 전통 가옥, 정원, 정자, 호수, 분수대, 조경수 등이 있습니다. 관람객들이 불편함 없이 둘러볼 수 있도록 곳곳에 편의시설이 있고, 이들의 위치와 용도를 알리는 표지판도 설치되어 있습니다. 안내소에서는 지도와 팸플릿을 배포하고, 가로등 스피커에서는 경쾌한 음악과 함께 공지를 알리는 음성이 흘러나옵니다. 이처럼 어른과 함께 하는 고궁 여행에서 만나는 모든 상황과 사물은 아이에게 풍부한 언어 자료가 됩니다.

언어놀이 1 ◆ 집 나서기

고궁에 가기 전부터 할 이야기가 많아요. 위치, 가는 방법, 가서 할 일, 그곳에 있을 만한 시설물, 소요 시간, 역사적 의미 등을 아이와 공유해보세요.

[뇌를 깨우는 말들]

★ "오늘은 경복궁에 갈 거야. 옛날에 임금님이 살던 곳인데, 가면 어마어마하게 큰 궁궐이 있다. 우리 오전에 거기 가서 구경하고 점심도 맛있게 먹고 오자."

★ (인터넷 안내 사이트를 보며) "도담아, 여기 봐봐. 광화문이라고 쓰여 있지? 음, 여기가 바로 옛날에 왕이 살던 곳이야. 들어가면 궁궐도 있고 박물관도 있다. 우리 동네에서 지하철로 30분쯤 걸려. 가서 구경하고, 우리 맛있는 돈가스 먹고 올까?"

언어놀이 2 ◆ 입장하기

매표소에는 관람객 개방 요일과 시간, 휴무일 등이 안내되어 있습니다. 오늘이 며칠인지, 무슨 요일인지, 몇 시인지, 몇 시쯤 나올 예정인지 등을 말해보세요.

[뇌를 깨우는 말들]

★ "지금이 몇 시지? 오전 11시? 두 시간 전에 문을 열었네. 저녁 6시에 문을 닫는다니까 시간은 충분해. 들어가서 한 시간쯤 놀다 오자. 도담이는 어린이니까 무료! 엄마 아빠는 성인이니까 한 사람당 3,000원. 두 명이니까 6,000원이다. 그치?"

★ "입장권을 사 왔어. 자, 이건 우리 도담이 거. 안내지 보니까 문화재 해설도 해준대. 시간이 요일마다 다르네. 오늘은 토요일이니까… 11시! 아, 5분밖에 안 남았네. 서두르자!"

언어놀이 3 ◆ 고궁 구경하기

궁궐 안

고궁에는 궁궐이 있습니다. 궁궐 안에는 왕의 침소가 있고, 국사를 보던 곳이 있으며, 신하들과 대면하던 곳이 있습니다.

궁궐 밖

궁궐 밖에는 매점, 박물관 등이 있고 호수에는 정자가 있습니다. 길 곳곳에는 매점과 화장실이 있고, 벤치와 유모차 대여소가 있습니다. 박물관에서는 미술 전시회가 한창이에요.

건축물

전통 건물은 지붕, 문, 창, 처마, 대들보, 용마루, 기둥, 틀, 보, 대청마루 등과 같이 세부를 일컫는 말이 따로 있습니다.

나무와 꽃

길을 걷다 보면 나무와 꽃, 풀의 이름과 생태 정보가 적힌 팻말이 눈에 띕니다. 그중엔 어른들도 처음 듣는 낯선 이름이 많아요.

기념품

기념품 가게에는 장신구, 액세서리를 일컫는 낱말들이 가득합니다. 천천히 구경하면서 그 낱말들을 많이 들려주세요.

언어놀이 4 ◆ 안내 지도 보기

안내소에서 배포하는 지도와 팸플릿에는 건물 배치와 편의시설 위치에 관한 정보, 이용 시 유의사항 등이 담겨 있습니다. 함께 살펴보면서 관람 동선을 짜고, 이동할 때 참조하면서 어디로 가면 좋을지, 지금 있는 위치가 어디쯤인지 이야기해보세요.

[뇌를 깨우는 말들]

★ "도담아, 아까 우리가 지나온 큰 문 있지? 그게 광화문이야. 이 지도 보니까 딱 우리가 있는 매표소 지나면 홍례문이랑 영제교가 나오고, 또… 이렇게 쭉 가면 근정전이 나오네. 거기로 가자. 그런 다음에 이쪽으로 갈까? 아니면 어디로 가는 게 좋을까?"

언어놀이 5 ◆ 각종 표시와 안내방송의 의미 살피기 ———

고궁에는 '출입 금지', '들어가지 마시오', '금연', '촬영 금지', '주차장', 방향 표시 같은 안내 표지들이 곳곳에 있습니다. 각종 알림과 표시가 무엇을 의미하는지 아이와 함께 이야기해보세요. 또 길을 걷다 보면 안내방송이 들려요. 무슨 이야기를 하는지 잘 들어보세요.

[뇌를 깨우는 말들]

★ "이곳은 박물관이야. 앞에 표지판에 뭐라고 쓰여 있나 볼까? 자전거 그림 앞에 빨간 선이 그어져 있네. 무슨 표시일까? 그래 맞아, 자전거가 들어갈 수 없는 길이야. 그럼, 바로 위에 공을 차는 사람은 뭔 거 같아? 그래, 그렇지. 여기서 시끄럽게 공놀이를 하지 말라는 거겠지? 그리고 또…."

★ "도담아, 우리 좀 쉬었다 갈까? 저기 앉아서 음료수 마시자. 엄마랑 아

빠는 커피 마실 건데 너는 뭐 마시고 싶어? 잠깐. 그런데 방송에서 뭐라고 하는데? 도담아, 뭐라니? 수문장 교대식? 맞다. 2시에 교대식 있댔지! 안 되겠다. 우리 그거 보고 와서 쉬자."

언어놀이 6 ◆ 기념품 가게 구경하기

고궁에는 기념품 가게가 있고 그곳에는 엄청난 명사들이 있습니다. 장신구, 문구류, 액세서리 등 신기한 물건들만큼이나 평소 잘 접하지 못하는 낱말들이 쏟아져 나올 거예요.

[뇌를 깨우는 말들]

★ "도담아, 여기는 기념품 가게야. 신기한 것들이 많네. 이건 엽서다. 여기에 글을 써서 우편으로 보내는 거고. 이건 공책. 손수건도 있네. 엄마는 안경닦이 하나 사야겠다. 버튼도 예쁘네. 이건 안에 옷핀이 있어서 가방 같은 데에다 끼워서 매달고 다니는 거 같아. 도담이 공책 하나 사 줄까?"

언어놀이 7 ◆ 스마트폰 앱 활용하기

인터넷 사이트나 앱으로 미리 방문해보세요. 영상 안내나 가상현실 (VR) 체험 등은 아이의 흥미를 불러일으켜요. 실제 방문했을 때와 비교하면 재미난 이야깃거리가 됩니다.

고궁 나들이는 아이들의 언어 발달과 관련해 다음과 같이 활용할 수 있습니다.

- **다양한 어휘 습득:** 아이가 평소 듣기 어려운 말들을 직접 보고 느끼면서 배울 수 있어요.

- **건물의 유래와 쓰임새 이해:** 각 장소 앞에는 관람객을 위해 친절히 해설해놓은 안내판이 있습니다. 이를 참고해 예전엔 어떤 장소였을지 이야기해보세요.

- **사회적 규칙의 이해:** 고궁은 여러 사람이 함께 이용하는 장소입니다. 이런 곳에는 이용 시 유의사항을 알리는 표지판과 안내판 등이 있습니다. 함께 살펴보면서 이야기해보세요.

이런
아이들에게
좋아요

◆ 흙과 나무, 호수 등 자연을 자주 접해야 할 시기의 아이
◆ 어휘력이 부족한 아이

06

어린이 극장
다녀오기

극장에는 이야기가 있습니다. 불 꺼진 극장에서 아이들은 이야기에 빠져듭니다. 어느새 이야기가 끝나고 불이 켜지면 가슴에 말의 씨앗이 생깁니다. 집에 돌아와서도 쉽게 사라지지 않아요. 어른이 생각을 표현하게끔 도와준다면 평소 말이 없던 아이도 금세 수다스러워질 거예요.

극장에서 영화나 연극을 함께 보는 일은 아이들에게 언어적으로도 매우 특별한 경험이에요. 또한 경험을 두고 생각과 느낌을 나누는 일은 서로의 관계를 밀접하게 합니다.

언어놀이 1 ◆ 관람 절차와 에티켓 살피기

도서관, 고궁처럼 극장 역시 많은 사람이 함께 이용하는 시설입니다. 지켜야 할 절차와 에티켓을 알리고 그 이유를 설명해주세요.

[뇌를 깨우는 말들]

★ "극장 도착! 다행히 20분이나 남았네. 지하 2층이라니까 저쪽 계단으로 내려가자. 도담아, 우리 극장에서는 조용히 해야 하는 거 알지? 어른들도 핸드폰을 꺼야 한대. 그러니까 핫도그 마저 먹고 들어가자. 그리고 혹시 화장실에 가고 싶으면 미리 다녀오는 게 좋아. 중간에 나가면 좁은 통로 사이로 빠져나가야 해서 좀 번거롭거든. 사람들 관람하는 데 방해가 될 수도 있고. 알겠지? 그러니까 화장실 가고 싶으면 미리 말해."

★ "공연 시간은 50분. 시작 10분 전부터 입장. 안내 팸플릿을 보니까 이

렇게 적혀 있다. 그리고 미취학 아동은 보호자가 꼭 있어야 한대. 도담이와 같은 어린아이는 혼자 보내면 안 된나는 뜻이야."

언어놀이 2 ◆ 이야기 요약하기

극이 끝나면 누가 먼저랄 것도 없이 자연스럽게 대화가 시작됩니다. 아이가 먼저 말을 꺼낼 수도 있고, 어른이 먼저 어땠는지 물을 수도 있어요. 대화하면서 오늘 본 이야기의 흐름을 이해하고 정리할 수 있게 도와주세요.

[뇌를 깨우는 말들]

★ "그러니까 강아지똥이 달구지에서 떨어진 거잖아. 그때 누가 나타났었는데, 무슨 일이 생겼더라? 도담아, 혹시 기억나니?"

★ "그렇구나. 그래서 그렇게 된 거로구나. 좋아. 그럼, 도담이가 오늘 이야기를 짧게 정리해줄래? 언제 어디에서 무슨 일이 일어났는지."

★ "맞아, 이제 알겠어. 도담이가 줄거리를 잘 이야기했어요. 그럼, 책이랑 뭐가 다른지 한번 볼까? 네 말처럼 연극 내용이랑 책 내용이 조금 다르네."

언어놀이 3 ◆ 등장인물과 사건에 대해 이야기하기

등장인물과 사건을 이해하고 여기에 대한 자기 생각을 말할 수 있도록 도와주세요.

★ "그러니까, 강아지똥이 아니었으면 민들레는 꽃을 피우지 못했겠지? 도담아, 어떻게 생각해? 어디가 제일 재미있었어?"

★ "근데 왜 강아지똥이 비를 맞기로 한 거지? 안 그래도 되는 거 아닌가? 생각이 잘 안 나는데, 도담이가 얘기해줄래? 강아지똥에게 무슨 일이 생긴 거야?"

언어놀이 4 ◆ 감정 나누기, 비슷한 경험 생각해보기

극 내용과 연결하여 자기 감정을 말로 표현할 수 있게 해주세요. 특별히 재미있었던 장면, 울 뻔했던 내용, 화가 났던 부분, 비슷한 경험이 있는지 말하면서 공감대를 형성할 수 있습니다.

★ "아빠는 강아지똥이 점점 작아지다가 결국 사라질 때 정말 슬프더라. 울었다니까. 도담이는 어떤 장면이 제일 감동적이었어? 뭐가 제일 기억에 남았어?"

★ "강아지똥은 민들레를 사랑한 거 같아. 마치 엄마가 우리 도담이를 아끼고 사랑하는 것처럼. 도담이도 아끼고 사랑하는 게 있어? 핸드폰? 아니, 그런 거 말고. 사람이나 동물 중에서."

★ "옛날에 아빠가 어렸을 때 진짜 친한 친구가 있었는데, 그 친구 덕분에 아빠가 공부를 잘하게 됐어. 자기 노트도 보여주고, 가끔 학원에서 저

녁도 사줬거든. 정말 고마운 친구였는데 고등학교 올라가면서 헤어졌어. 그 후론 연락을 못 했네. 강아지똥 보니까 자꾸 그 친구 생각이 난다. 도담이는 그런 친구 없어?"

언어놀이 5 ◆ 팸플릿 활용하기

팸플릿에는 관람 안내, 극단 소개, 극의 줄거리, 출연진 등 극과 관련한 다양한 정보가 있습니다. 함께 구경하면서 극과 관련한 이야기를 나눠보세요.

[뇌를 깨우는 말들]

★ "누구누구 나왔나 보자. 아, 이 사람이 민들레였구나. 닮았다. 그러면 주인공인 강아지똥 역은 누구지? 이 중에서 누구일 거 같아?"

★ "여기 사진이 있네. 그런데 이런 장면이 있었나? 뭘 하는 거였지? 아빠는 기억이 안 나네. 아하! 어미 닭과 병아리들이 강아지똥을 만나는 거라고? 오! 도담이가 설명을 잘했어요. 맞아, 기억난다!"

★ "이야기를 벌써 다 까먹었네. 도담아, 혹시 오늘 본 강아지똥 이야기 다시 해줄 수 있어? 처음에 어떻게 된 거였지, 그게?"

극장 체험은 아이들에게 특별하고 의미 있는 경험이라 오랫동안 잊히지 않는 추억이 됩니다. 언어 발달 측면에서도 유익합니다. 아이들은 극장에서 다음을 배울 수 있습니다.

- **이야기 재구성과 전달:** 자신이 보고 들은 내용을 다른 사람과 나누다 보면 자연스레 정보를 재구성하게 됩니다. 등장인물, 배경, 사건 등을 파악하고 핵심 내용을 간추리고 상대와 주고받는 일은 의사소통의 주요 기능 중 하나입니다.

- **감정과 느낌의 이해:** 이야기는 사람들에게 특별한 생각과 느낌을 심어줍니다. 이런 마음들을 나누다 보면 어느덧 언어적으로 성장한 아이를 만나게 될 거예요. 자신의 마음을 들여다보고 느낌을 언어화하는 일, 상대와 대화를 나누며 공감하는 일은 언어적으로 매우 중요한 경험입니다.

- **절차와 규칙의 이해:** 극장 이용에는 절차와 규칙이 있습니다. 아이에게 관람 에티켓과 이유를 설명해주세요.

이런
아이들에게
좋아요

◆ 어른과 함께할 시간이 부족한 아이
◆ 자기 생각과 느낌을 표현하는 데 소극적인 아이

07

자전거 타고
공원 다녀오기

━━━━━━━ 활 동 목 표 ━━━━━━━

◆ 자전거 타기 관련 낱말 배우기 ◆ 날씨 관련 낱말 배우기
◆ 자연을 관찰하며 느낌과 상태 표현하기

• 올바르게 자전거 타는 법을 알려줍니다.
• 공원에 가서 무얼 할지, 어떻게 갈지, 무엇을 가지고 갈지 등을 이야기합니다.
• 날씨 관련 낱말을 배웁니다.
• 공원에 있는 사물들의 이름과 상황, 그에 대한 느낌을 말로 설명합니다.

202

공원은 휴식을 취하면서 자연을 느낄 수 있는 공간입니다. 볼 것도 많고 이야기 나눌 것도 많아요. 아이와 함께 자전거를 타고 공원에 가 보세요. 바람과 햇살 속에서 자연을 관찰하면서 다양한 말을 배울 수 있습니다.

언어놀이 1 ◆ 집 나서기

가야 할 곳이 어디인지 미리 사진과 지도를 보며 이야기합니다. 헬멧과 보호대, 마스크 등 안전 장비를 체크하고 착용합니다. 아이가 아직 어리거나 거리가 멀다면 자전거에 유아용 안장을 설치해 아이가 안전하게 탈 수 있게 합니다. 준비할 때부터 이 모든 과정을 어른이 말로 설명해주세요. 자전거에 올라 자세를 유지하고 페달을 돌리는 등의 과정에서 배울 수 있는 말이 많아요.

[뇌를 깨우는 말들]

★ "도담아, 아빠 핸드폰 봐봐. 지도 보이지? 이 길로 쭉 가면 개나리공원이 나와. 꽃나무도 많고 이만한 물고기도 있고 오리도 있다. 우리 거기가서 철봉도 하고 벤치에 앉아서 음료수도 마시고 오자."

★ "헬멧이 헐겁네. 여기 이 줄을 당겨서 벗겨지지 않게 조이자. 무릎 보호대도 했지? 가는 길에 자전거 도로가 있기는 한데, 빨리 달리는 사람들이 있으니까 항상 조심하고. 아빠가 뒤에서 볼 테니까, 네가 앞장서. 알겠지?"

★ "갔다가 오는 데 30분쯤 걸리니까, 오늘은 엄마 자전거를 타자. 두 사람이 어떻게 타냐고? 엄마가 이번에 벼룩마켓에서 어린이용 인장을 샀어. 안장이 뭐냐고? 자전거 탈 때 엉덩이 닿는 부분 있잖아. 그래, 네가 거기에 앉으면 엄마가 뒤에 앉을 거야."

언어놀이 2 • 날씨 살피기

오늘 날씨가 어떤지를 이야기 나눕니다. 맑은지, 흐린지, 공기가 차가운지, 바람이 부는지, 구름이 있는지, 구름 모양은 어떤지 이야기해 보세요.

[뇌를 깨우는 말들]

★ "도담아, 오늘 덥지? 해가 아주 쨍쨍하다. 어제만 해도 쌀쌀했는데… 반소매 입고 오길 잘했다, 그치?"

★ "구름이 뭉게뭉게 피어 있네. 양떼구름이야. 꼭 양들이 몰려다니는 거 같은 모양이어서 양떼구름이라고 하는 거야. 그런데 저쪽 저 구름은 꼭 깃털처럼 생겼다. 깃털구름이라고 이름 붙일까? 그런데 저기 서쪽 끝은 구름 색이 어둡네. 비가 오나?"

★ "오늘 미세먼지는 괜찮네. 엄마 핸드폰 봐. '양호'라고 되어 있잖아. 좋다는 뜻이야. 이제 마스크 벗어도 되겠다. 공기가 엄청 깨끗해. 지난번엔 탁했는데."

언어놀이 3 ◆ 명사(이름) 찾기

자전거 타기의 장점 중 하나는 언제든 멈춰 서서 주변 풍경을 감상할 수 있다는 것입니다. 아이에게 길에서 만난 꽃과 나무, 동물의 이름을 알려주세요. 화원에 심긴 꽃의 식생을 알리는 표지판과 나무에 달린 이름표를 함께 보세요. 운동기구들의 용도와 이름을 확인하고 동작을 시연해보세요. 돌다리를 건너다 우연히 날아든 새를 보았다면 사진에 담아보세요. 나중에 인터넷에서 이름을 찾을 수 있습니다.

[뇌를 깨우는 말들]

★ "우리 저쪽 그늘로 갈까? 여기 다리를 건너서 반대쪽으로 가자. 어, 도담아! 저기 봐. 저기 오리 있다. 와, 여러 마리야. 엄마 오리, 아빠 오리, 아기 오리들도 있다. 오리 가족이 소풍 가나 봐!"

★ "여기 이름표가 달려 있네. 이 나무의 이름은 미루나무야. 날씬하고 키가 정말 크다."

★ "도담아, 이건 은방울꽃이래. 높이가 30센티미터쯤 되고 5, 6월에 종 모양의 흰 꽃이 핀다네. 그러고 나서 7월이 되면 빨간 열매가 생긴대. 우리 다음 달에 또 와서 보자. 빨간 열매가 생겼는지 확인해보자."

공원 나들이에서 아이들이 배울 수 있는 말은 다음과 같습니다.

- **나무**: 미루나무, 느티나무, 플라타너스, 버드나무, 가문비나무, 조팝나무, 벚나무, 목련나무, 은행나무, 이팝나무 등

- **꽃**: 봄꽃(개나리, 목련, 벚꽃, 철쭉, 민들레, 진달래, 꽃잔디, 팬지, 튤립, 라일락, 배꽃, 복사꽃, 수선화, 산수유, 유채꽃, 영산홍, 제비꽃, 장미 등), 여름꽃(개망초, 나팔꽃, 백일홍, 수국, 엉겅퀴, 참나리, 애기똥풀, 등나무 꽃, 층층나무 꽃, 자귀나무꽃 등), 가을꽃(쑥부쟁이, 억새, 국화, 코스모스, 용담 등)

- **동물**: 다람쥐, 청솔모, 지렁이, 비둘기, 참새, 벌, 하루살이, 잉어, 붕어, 송사리, 개구리, 맹꽁이, 오리, 청둥오리, 원앙, 왜가리 등

- **구름**: 뭉게구름, 양떼구름, 물결구름, 소나기구름, 비구름, 버섯구름 등

- **시설물**: 벤치(의자), 가로등, 스피커, 돌다리, 자전거 도로, 보행자 도로, 농구대, 그늘막, 운동 시설, 울타리, 정자, 식수대, 공중화장실, 배수 시설 등

- **알림 표시**: 자전거 도로, 보행자 도로, 출입 금지, 수영 금지, 금연, 반려동물 목줄 착용, 반려동물 배설 금지, 쓰레기 투기 금지, 물놀이 금지, 공중화장실 알림, 식수 알림 등

이런
아이들에게
좋아요

- ◆ 바깥나들이를 좋아하는 아이
- ◆ 관찰하기를 즐기는 아이

08

비 오는 날 산책하기

거리를 밝게 비추던 해가 어느새 먹구름 뒤로 모습을 감추고 비가 내리기 시작합니다. 사람들은 챙겨 온 우산을 펼쳐 들고, 우산을 준비하지 못한 이들은 건물 처마 아래에서 비를 피합니다. 비가 오는 날은 채도가 낮은 그림처럼 풍경이 어둡고 흐릿합니다. 아이들은 이런 날 밖에 나가 물장난하기를 좋아합니다.

비 올 때 나눌 수 있는 말들이 있습니다. 아이와 함께 산책하면서 평소와 다른 풍경, 다른 느낌과 기분에 대해 이야기해보세요. 맑은 날에는 만날 수 없었던 낱말과 표현을 경험할 수 있을 거예요.

언어놀이 1 ◆ 산책 준비하기

비 오는 날에는 평소와는 다른 옷차림을 합니다. 우산을 쓰거나 비옷(우비)을 입고 장화를 신어요. 사람들은 어떤 옷차림을 하고 있나요? 대부분 우산을 썼지만 택배기사 분들은 우산 대신 두툼한 비옷을 입었을지도 몰라요. 우산도 여러 종류가 있습니다. 물방울무늬가 있는 것, 투명한 것, 검은색 박쥐 모양의 우산, 폭이 좁고 밝은색의 접이식 우산 등. 지금 쓰고 있는 우산은 어떤 모양인지 이야기해보세요.

[뇌를 깨우는 말들]

★ "밖에 비 오니? 어떡하지, 축구는 못 하겠는데? 대신 비 구경 갈까? 우산을 쓸까, 비옷을 입을까? 도담이는 어떻게 하고 싶어?"

★ "양말은 신지 않는 게 좋겠다. 장화 속으로 빗물이 들어오면 발이 금방

젖거든. 그래도 신겠다고? 그래, 나중에 벗어서 말리면 되지 뭐."

★ "저 앞에 가는 사람은 개구리 우산을 썼네. 저기 동그란 게 눈인가 봐. 재미있다. 어? 저기에는 속이 훤히 보이는 투명 우산이 있네."

언어놀이 2 ◆ 비 오는 날의 풍경과 느낌 나누기

비가 내리는 날은 하늘이 어둡고 시야가 흐립니다. 바람이 불고 빗방울이 우산을 톡톡 두드립니다. 길가 웅덩이에는 물이 고이고 신발 틈으로 빗물이 들어와 발이 젖습니다. 습기가 느껴지고 기분도 가라앉아요. 모두 맑은 날에는 느낄 수 없는 것들이에요. 함께 길을 걸으며 비오는 날의 풍경과 느낌을 이야기해보세요.

[뇌를 깨우는 말들]

★ "먹구름이 쫙 깔렸네. 어둡다. 그래서 자동차들도 헤드라이트를 켰어. 와이퍼로 빗물을 계속 닦아내면서 달린다. 아스팔트도 비에 젖어서 번들거린다. 낮인데 가로등 불도 켜졌어. 도담아, 우리 길 건너 생태공원에 가보자. 꽃들도 비 맞고 있을까?"

★ "비가 오니까 옷이 눅눅하네. 바지도 다 젖었어. 이따 집에 가서 말려야겠다. 어! 도담아, 조심해. 거기 빗물 고여 있네. 뭐? 일부러 물에 빠진 거야? 비에 젖어도 괜찮아? 시원해서 좋다고?"

★ "이렇게 비가 부슬부슬 오는 날 공원에 오니까 엄마는 마음이 가라앉는 거 같아. 햇빛을 못 봐서 그런가? 넌 어때? 신이 나? 왜? 마음껏 물

장난할 수 있어서? 하하, 그렇구나. 도담이는 비가 오면 즐겁구나."

★ "비 오니까 화단에 꽃향기 대신 흙냄새가 난다. 오! 그런데 여기 아래를 봐. 지렁이야. 꿈틀거리네. 저기 또 있다. 으… 징그러워. 비가 와서 지렁이들이 구경하러 밖으로 나왔나 봐. 벌이랑 나비는 안 보이는데. 혹시 지렁이는 비를 좋아하는 걸까?"

언어놀이 3 ◆ 산책 후 물건 정리하기

산책을 마쳤다면 쓰고 난 물건을 보관하는 방법을 잘 설명해주세요. 우산은 베란다에 펼쳐서 말리거나, 물기를 털어낸 후에 잘 접어서 우산꽂이에 둡니다. 장화는 욕실에서 물로 씻어 뒤집어두고, 비옷은 잘 펴서 빨래걸이에 매답니다. 젖은 머리는 드라이어로 말리거나 수건으로 닦아요.

[뇌를 깨우는 말들]

★ "우산이 다 젖었어. 밖에 나가서 털고 와야겠다. 그런 다음에 이렇게 우산을 쫙 펴서 베란다에다 뒤집어놓자. 날이 개면 바싹 마를 거야."

★ "장화에 진흙이 묻었어. 장화 안에도 물이 고이고. 이건 욕실에 가서 물로 씻고 나서 뒤집어서 걸어놓으면 돼. 그럼 물기가 싹 빠질 거야."

★ "옷을 옷걸이에 걸어두자. 그래야 잘 마르지. 양말은 벗어서 빨래 바구니에 넣어두면 나중에 한꺼번에 빨 거야."

★ "머리랑 어깨가 다 젖었네. 아빠는 이참에 샤워를 해야겠어. 그러면 기분이 더 상쾌해질 것 같아. 도담이는 머리만 감을래? 목욕까지 할까?"

비가 오는 날에는 평소에 잘 쓰지 않는 말을 배울 수 있습니다. 아이와 함께 산책하며 다음 말들을 사용해보세요.

- **날씨 변화와 관련된 말:** 맑다/흐리다, 비/눈이 내리다/오다, 바람이 불다/멈추다, 덥다/선선하다, 무덥다/춥다, 습하다/건조하다, 안개가 끼다/걷히다, 온화하다/변덕스럽다.

- **비의 이름과 내리는 모양과 관련된 말:** 안개비, 이슬비, 가랑비, 보슬비, 실비, 장대비, 여우비, 소나기, 단비, 장맛비, 부슬부슬, 주룩주룩, 퐁당퐁당, 투덕투덕, 추적추적 등

- **느낌과 기분과 관련된 말:** 따뜻하다/시원하다, (햇살이) 따갑다, 쨍쨍하다, (시야가) 깨끗하다/흐리다, 조용하다/시끄럽다, 축축하다, 촉촉하다, 젖다/마르다, 눅눅하다/건조하다, 상쾌하다/우울하다, 쓸쓸하다, 지루하다/신난다, 편하다/긴장하다 등

- **무늬와 모양, 재질과 관련된 말:** 물방울무늬/줄무늬/꽃무늬 우산, 천우산/비닐우산, 투명우산, 접이식 우산/장우산, 고무장화, 발목장화/무릎장화 등

- **동작과 관련된 말:** 우산을 펼치다/쓰다/접다, 장화를 신다/벗다, 비옷(우비)을 입다/벗다, 수건으로 닦다/말리다, 뒤집다/걷다 등

이런 아이들에게 좋아요

◆ 날씨와 관련한 표현을 배울 시기의 아이
◆ 비 오는 날을 좋아하는 아이

ㄱㄴㄷ

09

놀이공원의 탈것들

활 동 목 표

◆ **시설물 이용 절차 이해하기**   ◆ **움직임 표현하기**   ◆ **새로운 낱말 배우기**

• 놀이공원에서 하고 싶은 일을 말하고 순서를 정합니다.

• 놀이기구의 이름과 특징, 이용 방법을 말로 들려줍니다.

• 놀이기구의 움직임과 사람들의 반응을 관찰합니다.

• 시설을 이용하면서 감정과 느낌을 공유합니다.

• 놀이공원 앱을 활용합니다.

놀이공원에는 볼 것과 즐길 것이 많습니다. 그중에는 아이들이 좋아하는 놀이기구가 있습니다. 놀이기구들은 각각 테마가 있고 움직임도 다양해요. 어떤 것은 높은 곳에서 빙빙 돌고, 어떤 것은 위로 올라갔다가 갑자기 아래로 떨어집니다.

줄을 서서 기다리면서 사람들의 반응을 지켜보는 것도 흥미롭습니다. 누군가는 돌고래마냥 소리를 지르고, 어떤 사람은 눈을 감고 손잡이를 꼭 잡습니다. 모자가 벗겨지지 않도록 손으로 누르고 있는 사람, 핸드폰으로 자신의 모습을 찍는 사람도 있네요.

아이와 함께 즐거운 시간을 보내며 놀이기구 이용법, 움직임, 타고 싶은 것, 계획과 일정, 기분과 느낌에 대해 이야기 나누어보세요.

언어놀이 1 ◆ 입장하기

놀이공원에 도착하면 매표소에서 이용권을 사고 어디에 무엇이 있는지 확인합니다. 어떤 놀이기구들이 있는지, 무엇을 가장 먼저 하고 싶은지, 밥은 언제 먹을지, 어떻게 이동할지를 아이와 이야기할 수 있습니다.

[뇌를 깨우는 말들]

★ "어휴, 사람들이 많네. 우리 가족은 세 명이야. 어린이 한 명, 어른 두명. 아빠가 카드 할인권이 있으니까 반값이야! 일단 들어가면 우리 도담이가 제일 좋아하는 붕붕카부터 타자. 안내지도 보니까 놀이랜드 입구에서 왼쪽으로 꺾어지면 바로 있더라."

★ "도착! 아빠가 미리 입장권을 스마트폰으로 받아놨으니까, 이쪽에 줄을 서면 돼. 주차장이 저쪽이고 입구가 이쪽이니까 우리는 계속 앞으로 가자. 동물원부터 보는 게 좋지 않아? 아니면, 붕붕카를 먼저 탈까? 화장실에 갔다가 코끼리열차를 타고 식물원에 가는 것도 괜찮고. 어떻게 하는 게 좋을까, 도담아?"

언어놀이 2 ◆ 관찰하기

탈것을 정하고 해당 장소로 이동합니다. 안내문을 잘 읽어보고 아이 혼자서도 탈 수 있는지, 나이 제한과 키 제한은 어떤지 확인하고 줄을 섭니다. 기다리는 동안 탈것이 움직이는 모양을 보고 사람들의 반응을 살펴봅니다.

[뇌를 깨우는 말들]

★ "도담이는 키가 93센티미터니까 저거 탈 수 있어. 여기 줄을 서자. 다들 해적선을 좋아하나 봐. 웃고 있네. 저기 파란 점퍼 입은 아저씨는 안경이 자꾸 흔들리나 봐. 한 손으로 테를 잡고 있잖아. 아이고, 그 앞에 앉은 아이는 무섭나 보다. 옆에 앉은 사람을 꼭 끌어안고 있잖아. 도담아, 너랑 나이 비슷해 보이는데. 괜찮겠어?"

★ "와, 저건 빙글빙글 돌면서 내려오네. 그래서 이름이 소라성인가 봐. 마치 소라처럼 배배 꼬여 있잖아. 저기 대관람차 보이니? 저건 천천히 돌아가고 있어. 시곗바늘처럼 말이야. 저 높은 데서 보면 동네가 다 보이

겠다. 그치? 예전에 우리 같이 뒷산에 올라갔을 때처럼 말이야."

언어놀이 3 ◆ 계획하기, 휴식하기

놀이공원 이동로에는 곳곳에 안내 표시가 있어요. 지도와 안내판을 보면서 즐길 거리와 앞으로 할 일을 이야기해보세요.

돌아다니다 보면 힘이 듭니다. 그럴 때는 쉬면서 앞서 찍은 사진을 보세요. 기억이 새록새록 떠올라 아이는 신이 나서 그때의 장면과 기분에 대해 말하게 될 거예요.

[뇌를 깨우는 말들]

★ "공포의 문어열차 어땠어? 무섭지 않았다고? 오~ 우리 도담이 많이 컸는데! 좋아, 그럼 다음에는 뭘 할까? 안내지도 보여줄까? 여기에는 동물의 집이 있고, 어! 파충류 특별전시전을 하는구나. 그리고 여기는 식당이 모여 있네. 이제 겨우 11시니까, 점심은 천천히 먹지 뭐. 어디? 뗏목 파도타기? 좋아, 재밌겠다. 거리가 좀 있으니까 우리 코끼리열차 타고 가자. 정류장이 바로 저기야."

★ "힘들다. 저기 파라솔 의자에 앉아서 잠깐 쉬자. 쉬면서 집에서 싸온 과일 먹을까? 사진도 보자. 이건 아까 도담이 놀 때 아빠가 찍은 건데, 이때 어땠어? 기구가 너무 빨리 돌아서 어지럽지 않았어? 몸이 붕 뜬 거 같았다고? 그래? 그때 무슨 생각했어? 아빠가 그네 힘껏 밀었을 때 같았다고? 아하, 그랬구나."

언어놀이 4 ◆ 경험 공유하기

지친 몸을 이끌고 집에 돌아오면 곯아떨어지기 일쑤입니다. 하지만 다음날 아침이 되면 모든 것이 꿈같이 느껴집니다. 그러니 잠들기 전에 오늘 하루 있었던 일을 주제로 대화해주세요. 같은 경험을 한 사람들은 할 이야기가 많아요. 설렘이 남아 있을 때 아이가 자신의 생각과 기분에 대해 마음껏 이야기할 수 있게 해주세요.

[뇌를 깨우는 말들]

★ "세수도 깨끗이 하고, 이도 깨끗이 닦았다. 우리 도담이 피곤하지? 그래도 잘 다녀왔어. 엄마는 아침에 차 탈 때가 제일 기분 좋더라. '오늘 뭘 하고 놀지?' 이런 생각할 때가 제일 재밌잖아. 도담이는 어땠어?"

★ "하마터면 엄마 잃어버릴 뻔했다고? 언제? 아, 커피 사러 갔을 때? 그랬구나. 엄마는 멀리서 네가 의자에 앉아 있는 거 잘 보이기에 괜찮은 줄 알았지. 어휴, 다음에 그런 일 또 생기면 엄마한테 꼭 전화해, 알겠지? 엄마가 사준 목걸이 전화기 버튼을 꾹 누르면 돼."

언어놀이 5 ◆ 스마트폰 앱 활용하기

놀이공원은 대부분 전용 앱이 있습니다. 교통 정보, 이용 방법, 즐길 거리 등을 미리 알아볼 수 있어요. 아이와 함께 미리 구경하면서 가서 무엇을 할지, 뭐가 제일 하고 싶은지 이야기해보세요.

★ "이번 주 토요일에 놀이랜드 갈 거야. 동물원도 있고 생태공원도 있다. 여기 놀이동산에는 정말 탈것들이 많아. 도담이 너 저번에 빙글빙글 접시차 재미있다고 했잖아. 여기 그런 것도 있고, 또 출렁출렁 해적선도 있고, 탈 게 많아. 엄마랑 미리 구경해보자."

★ "귀신의 집? 안 무섭겠어? 지난번에는 무서워서 싫다고, 절대 안 간다고 했잖아. 뭐? 이제 다섯 살 됐으니까 괜찮다고? 그래? 그럼, 아빠가 인터넷에서 몇 살부터 이용할 수 있나 알아볼게."

ⓣⓘⓟ 이런 점도 신경 써주세요

놀이공원에서 배울 수 있는 표현은 다음과 같습니다.
- **탈것의 움직임과 작동 원리와 관련된 표현**
  - 기둥을 중심으로 옆으로 회전하는 것: "빙글빙글 돌아요."
  - 파도치듯이 위아래로 회전하는 것: "올라갔다 내려갔다 하면서 돌아요."
  - 자전과 공전이 동시에 이루어지는 것: "제자리에서 맴맴 돌면서 둥글게 움직여요."
  - 기둥을 중심으로 높이 올라갔다가 떨어지는 것: "위로 높이 올라갔다가 툭 떨어져요."

- 궤도를 도는 탈것: "천천히 오르막길로 올라갔다가 빠르게 내리막길로 내려가요."
- 매달려서 위아래로 움직이는 것(슬링샷): "어깨와 배와 다리를 잘 묶었어요", "양손으로 줄을 잡아요. 이제 올라간다."
- 앞뒤로 움직이는 것(바이킹류): "배가 앞뒤로 움직이는데 점점 높이 올라가", "저 뒤에 앉은 사람은 정말 무섭겠다!"
- 상대와 부딪히는 것(범퍼카류): "차에 타요", "운전대를 돌리면서 움직여요", "조심해. 앞 차랑 부딪힌다", "어휴, 다행이야", "어어쿠, 깜짝이야", "뒤에서 차가 우리를 들이받았어!"

이 밖에도 몸으로 조작하는 것, 건너가는 것, 통과하는 것 등 놀이기구들의 특징을 동작과 연결해서 설명해줄 수 있습니다.

- **좋은 것과 싫은 것, 무서운 것과 재미있는 것과 관련된 표현:** 놀이공원은 아이가 자신의 선호를 말로 표현할 수 있는 좋은 장소입니다. 사용하기 전에 미리 재미있을 것 같은지, 타고 싶은지, 싫다면 이유는 무엇인지 물어봐주세요. 아이가 자기 기분과 느낌을 말하면 어른이 좀 더 구체적인 낱말로 보충해주세요. 그러면서 어휘를 늘릴 수 있습니다.

이런
아이들에게
좋아요

◆ 움직임과 관련한 어휘와 표현을 알아갈 시기의 아이
◆ 일련의 활동을 계획하고 실행하는 연습이 필요한 아이

10

기차로 여행하기

◆ **여행용품의 이름 익히기** ◆ **열차 이용법 이해하기** ◆ **여행 계획 관련 낱말 배우기**

• 챙겨야 할 것들의 이름과 기능을 알려줍니다.

• 열차 이용 과정을 설명합니다.

• 지도와 팸플릿을 보며 일정을 계획합니다.

• 여행용품과 열차 시설, 각종 알림과 표지에 대해서도 이야기합니다.

여행의 좋은 점은 익숙한 집과 일터를 벗어나 새로운 경험을 할 수 있다는 것입니다. 아이도 마찬가지예요. 한창 말을 배우는 아이의 입장에서 여행지의 볼거리와 즐길 거리는 새로운 언어 그 자체입니다. 여행을 계획하고 준비하는 과정에서도 많은 말을 배울 수 있어요. 자가용으로 떠나는 여행도 좋지만 기차 여행이 더 좋아요. 가족 모두가 편안하게 풍경과 대화에 집중할 수 있으니까요.

언어놀이 1 ◆ 여행 짐 챙기기

여행을 가려면 승차권을 구입하고 숙소를 예약해야 합니다. 챙겨야 할 것들도 많아요. 큰일은 어른이 하지만 자기 짐을 챙기는 일 정도는 아이도 할 수 있습니다. 무엇을 어디에 어떻게 둘지, 왜 가져가야 하는지 함께 이야기해보세요.

[뇌를 깨우는 말들]

★ "추울지도 모르니까 내복을 가져가자. 그건 캐리어에 넣을까? 그리고 도담아, 여행 가서 읽을 그림책이랑 티라노 챙겼니? 가져와서 네 배낭에 넣을래? 아, 또 뭐가 필요하지? 밥솥? 아니, 그건 숙소에 있어."

★ "도담아, 이건 약 상자야. 소화제는 배가 아프거나 설사할 때 먹어야 되고, 체온계로 열을 재고, 열이 많으면 해열제가 있어야 하고, 이건 밴드, 이건 멀미약, 여기 상처에 바르는 연고도 있다. 뚜껑 잘 닫아서 엄마 배낭에 넣어줘."

★ "양말, 속옷, 수건은 비닐로 싸서 따로 가방에 담았어. 칫솔, 치약, 손

수건은 여기 비닐 팩에 넣었고, 충전기랑 블루투스 스피커는 캐리어에,

마스크 여분이랑 랜턴, 1회용 비옷, 지갑, 이런 것들은 바로 꺼내 쓸

수 있어야 하니까 벨트 가방에 넣자."

언어놀이 2 ◆ 열차 이용하기

대중교통은 각각의 이용 절차와 방법이 있습니다. 기차역에 도착하면 각종 안내 표시가 시설물의 위치와 이동 경로를 알려줍니다. 함께 이동하면서 어디로 어떻게 가야 하는지 말로 설명해주세요. 또한 전광판에는 출발지와 도착지, 출발 시간 및 열차 번호가 적혀 있습니다. 열차표를 보고 타야 할 열차가 몇 시에 몇 번 플랫폼에서 출발하는지 확인합니다.

열차에 오르면 지정된 좌석에 탑승하고 승무원의 안내를 받습니다. 열차에는 식당과 카페 등이 있고 노래방, 오락 시설, 자동판매기도 있어요. 이들 시설의 이용법도 배울 수 있습니다.

[뇌를 깨우는 말들]

★ "우리가 탈 열차는 서울발 부산행 KTX ○○○번이야. 6번 승강장에서

오전 11시에 출발한다고 되어 있네. 우리가 가는 서대전역까지는 1시간

이 조금 더 걸릴 거래. 아직 30분이나 남았으니까 우리 저쪽 대합실 의

자에 앉아서 텔레비전을 보고 있자, 괜찮지? 도담아, 음료수 마실래?"

★ "우리 자리는 D34랑 D35, D36이야. 도담이가 찾아볼래? 여기가 A니까 하나, 둘, 셋, 넷, 네 번째 줄에 있을 거야. 찾았어? 좋아, 창가 자리는 도담이 차지!"

★ "방송 들었지? 출발할 때는 의자 등받이를 바로 세우고 앉으래. 그리고 저 앞에 화장실 표시 보이니? 가고 싶으면 얘기해. 아빠랑 같이 가게. 참, 화장실을 누가 사용하고 있을 때는 빨간 불이 켜지니까 그때는 기다려야 해."

★ "자동판매기다! 여기 적힌 대로 해보자. 먼저, 돈을 넣습니다. 엄마는 카드가 있으니까 그걸 넣을게. 그다음에는 상품 번호 누르기… 1번은 음료수고, 과자는 아래쪽에 있네. 도담이는 뭐 먹고 싶어? 골랐어? 17번? 좋아. 그럼 여기 결정 버튼을 눌러. 와! 나왔다. 신기하네. 우리 아빠 것도 사가자. 아빠는 생수를 좋아하니까 8번으로 하자. 도담이가 해볼래?"

언어놀이 3 ◆ 방문지 계획하기

도착역에는 관광 안내소가 있습니다. 안내 책자를 구할 수 있고, 직접 안내를 받을 수도 있어요. 미리 행선지를 정하지 않았다면 즉석에서 가야 할 곳을 결정하는 것도 재미있습니다. 어디가 좋을지, 이동 거리와 시간은 얼마나 되는지를 고려하며 함께 의논해보세요.

숙소에 도착해서는 주변 환경에 대한 이야기를 나누고, 짐을 풀어서 정리하는 방법을 말로 설명해주면 아이는 신나게 어휘를 익힐 거예요.

★ "안내 책자를 보니까 역에서 택시로 10분 거리에 호수가 있대. 도담아, 여기 사진 봐봐. 꽤 좋아 보이지 않니? 거기 오리배도 있다네. 그리고 그 아래는 사찰이야. 사찰이 뭐냐고? 아… 스님들이 지내는 절을 말해. 여기서 버스 타고 30분쯤 가면 나온다네. 주변에 생태공원도 있고 작은 박물관도 있대. 어디가 좋을까?"

★ "체크인이 2시부터니까 1시간 30분쯤 남았다. 그동안 뭘 하지? 점심을 먹고 들어갈까? 아니면, 아까 안내소에서 소개해준 계곡에서 놀다가 점심을 먹을까? 짐을 들고 다니기가 조금 그런가? 도담아, 가방 무거워? 그럼 먼저 숙소에 가서 짐을 두고 나설까? 음…."

★ "숙소 도착! 오~ 생각보다 넓다. 창밖으로 바다가 보여. 정말 좋은데! 일단 짐을 풀고 그 다음에 뭘 할지 생각해보자. 도담아, 아빠랑 같이 짐 정리할까? 통조림이랑 생수, 음료수랑 김치랑 반찬들은 냉장고에 넣자. 외투는 벗어서 저기 옷장에 두고, 충전기랑 스피커는 꺼내서 탁자 위에 올려줄래? 욕실에 칫솔이랑 치약 있던데. 그럼 우리가 가져온 건 어떻게 하지?"

아이들과 함께 기차 여행을 하며 이야기 나눌 수 있는 소재는 다음과 같습니다.

- **여행용품**
  - 의약품: 소화제, 멀미약, 모기약, 해열제, 연고, 밴드, 거즈, 소독약, 물파스, 집게(핀셋) 등
  - 화장품: 선크림, 핸드크림, 보습제, 방향제, 세안제 등
  - 의류와 가방: 모자, 선글라스, 배낭, 보냉백, 물병, 캐리어, 파우치 등
- **열차 시설, 각종 알림과 표지:** 매표소, 탑승구, 비상구, 출입구, 개찰구, 대합실, 전광판, 승강장(플랫폼), 매점, 에스켈레이터, 화장실, 비상구, 건널목, 안내소(인포메이션), 등받이, 발판, 접이식 테이블, 컵 홀더, 선반, 안전벨트, 자동판매기, 금연표시, 일단 멈춤, 정지, 나가는 곳, 뛰지 마시오, 기대지 마시오 등

이런
아이들에게
좋아요

◆ 대중교통 이용법을 알아가야 할 시기의 아이
◆ 바깥나들이를 좋아하는 아이

11

어버이날, 버스 타고
조부모 찾아뵙기

─── 활 동 목 표 ───

◆ 대중교통 이용법 이해하기   ◆ 가족 호칭 배우기   ◆ 높임말 사용하기

• 선물을 고르며 주는 사람과 받을 사람의 입장을 모두 생각해봅니다.
• 대중교통 이용법을 함께 이야기합니다.
• 가족의 호칭과 관련한 말들을 알려줍니다.
• 높임말의 종류와 사용법을 설명합니다.

225

어버이날 즈음이면 아이와 함께 할아버지 할머니 댁에 다녀옵니다. 특별한 날인 만큼 아이와 함께 인사를 드리고 안부를 묻습니다. 우리말에는 가족관계와 관련한 호칭이 세분화되어 있으며, 웃어른을 대할 때는 별도의 높임말을 사용합니다. 할아버지 할머니를 뵙는 날은 일상에서 이런 말들을 가르칠 수 있는 좋은 기회입니다.

언어놀이 1 ◆ 선물 준비하기

할아버지 할머니가 좋아할 만한 선물을 함께 의논합니다. 이때 아이가 할아버지 할머니와 함께한 경험을 통해 어떤 선물을 좋아하실지 추측하게 하고 그 이유를 물어볼 수 있어요.

[뇌를 깨우는 말들]

★ "도담아, 내일모레는 어버이날이야. 할머니 할아버지께 선물을 드릴 생각인데, 뭐가 좋을까? 일단 꽃은 준비했어. 어버이날에는 카네이션을 달아드리는 거야. 베란다에 있는 카네이션 보이지?"

★ "반지? 왜? 도담이는 왜 할머니께 반지를 선물하고 싶어? 아, 예전에 뵈었을 때 반지가 너무 작아서 빼는 데 힘들어하셨다고? 정말 그랬어? 그랬구나. 좋아, 이번에는 할머니께 반지를 선물해드리자. 그럼 할아버지께는 뭘 드리고 싶어?"

★ "함께 선물을 골라볼까? 엄마 핸드폰으로 같이 해보자. 오! 여기 케이크도 있고 홍삼 선물 세트도 있네. 이건 뭐지? 무릎 마사지기? 우리

예전에 할아버지 댁에 갔을 때 할아버지가 무릎 아프다고 하시지 않았
니? 이거 좋아 보이는데, 또 뭐가 있을까… 장난감? 에이, 할아버지는
어른이잖아."

언어놀이 2 ◆ 버스 이용하기

버스 타기는 아이들이 좋아하는 활동입니다. 자가용보다 훨씬 큰 차
를 탈 수 있으니까요. 그런데 이런 대중교통을 이용하려면 절차를 알아
야 합니다. 특정 장소에서 기다리고, 탈 차례를 기다려야 해요. 탈 때와
내릴 때도 무언가를 해야 합니다. 이런 행동들을 보고 배우며 언어적으
로 이해하도록 도와주세요.

[뇌를 깨우는 말들]

★ "버스 정류장이다! 여기서 271번 버스를 타야 해. 마을버스를 타면 지
   하철로 갈아타야 하니까 이 버스가 편해. 한번에 쭉 가잖아. 지금 시간
   은 한가해서 차가 밀리지 않을 거야. 어! 버스 온다. 교통카드를 준비해
   야겠다. 도담이는 무료야. 요금을 안 내도 돼. 내가 버스 기사님께 얘기
   할게. '도담이는 다섯 살이에요', 이렇게."

★ (노선표를 보며) "이제 두 정거장 남았다. 엄마가 얘기하면 도담이가 여기
   벨을 눌러. 그러고 나서 뒷문으로 가자. 거기 단말기에다가 교통카드를
   대면 삐~ 소리가 나면서 통과야. 문이 열렸을 때 천천히 내리면 돼. 쇼
   핑백은 아빠가 잘 들고 있을게. 엄마 손 잡고 내려. 알겠지?"

언어놀이 3 ◆ 안부 주고받기

친밀한 가족 간에는 높임말을 안 쓰는 경우가 많습니다. 하지만 한 번쯤은 아이에게 가르쳐준다 생각하고 일부러 높임말을 사용해보세요. 아이가 금방 따라 말할 거예요. 앨범을 보면서 가족 호칭을 배울 수도 있습니다. 낯선 말이지만 자주 듣다 보면 자연스레 익힐 수 있어요.

[뇌를 깨우는 말들]

★ "안녕하세요, 아버지. 저희 왔어요. 그동안 잘 지내셨어요? 오늘은 차를 두고 왔어요. 도담이랑 버스 구경도 할 겸. 도담아, 이 쇼핑백 할아버지께 드려. '선물이에요~' 하고 말씀드리고."

★ "진지는 잘 드세요? 요즘 식욕이 없다 하셔서. 잠은 잘 주무시구요? 아, 그러시구나. 다행이다. 참, 도담이 삼촌한테 연락이 왔는데 조금 늦는대요. 저녁시간에 맞춰 온다고 해요."

★ "도담아, 여기 이모들 사진 있다! 단발머리에 꽃무늬 원피스 입은 사람이 작은이모야. 그 옆이 큰이모고. 외삼촌은 어디 있지? 하하! 몰라보겠네. 도담이가 한번 찾아볼래?"

★ "이분은 증조할아버지, 증조할머니, 그 옆에 모자 쓴 분이 바로 할아버지시고, 그 옆이 큰할아버지, 그리고 큰고모할머니. 그러고 보니 할아버지가 막내네!"

TAP 이런 점도 신경 써주세요

버스 타고 할아버지 할머니 댁에 다녀오면서 아이는 다음을 배울 수 있습니다.

- **대중교통 이용법:** 정류장 찾기 – 줄 서기 – 기다리기 – 순서대로 타기 – 교통카드 태그하기 – 앉기 – (손잡이 잡기) – 안내방송 듣기 – 벨 누르기 – 일어서기 – 교통카드 태그하기 – 내리기

- **가족 호칭:** 엄마/아빠, (외)할머니/(외)할아버지, 증조할머니/증조할아버지, 남편/아내, 아들/딸, 며느리/사위, 형/오빠/언니/누나/동생, (외)삼촌, (외)사촌, 이모(부)/고모(부), 숙부/숙모 등

- **높임말(존칭)**
  - 명사: 밥 → 진지, 말 → 말씀, 나이 → 연세, 이름 → 성함 등
  - 조사: 은/는/이/가 → 께서, 한테/에게 → 께 등
  - 서술어: 먹다/마시다 → 드시다/잡수시다, 주다 → 드리다, 자다 → 주무시다, 있다 → 계시다, 아프다 → 편찮으시다, 만나다 → 뵙다 등
  - 인사: 안녕하세요/안녕히 계세요 등

이런
아이들에게
좋아요

◆ 가족 호칭을 배울 시기의 아이

◆ 존댓말 사용이 익숙하지 않은 아이

229

12

전시회 다녀오기

──── **활 동 목 표** ────

◆ **안내문 이해하기**　　◆ **자기 경험에 대한 생각 표현하기**　　◆ **새로운 낱말 배우기**

• 행사 안내판과 포스터를 보며 행사 내용을 이야기합니다.

• 무엇을 할지 함께 이야기하며 일정을 계획합니다.

• 인터뷰 형식의 대화를 하며 자기 경험에 대한 생각을 말로 표현합니다.

• 귀가 후 하루 활동을 정리합니다.

230

어린이들이 즐길 만한 전시회나 체험 행사를 찾아보세요. 특별한 체험은 아이에게 새로운 언어를 선사합니다. 공공기관이나 지방자치단체가 주관하기도 하고, 지역 도서관과 어린이 박물관에서도 이런 행사가 자주 열립니다. 함께 보고 만지고 느끼고 관찰하는 일, 어른과 대화하면서 자신의 경험을 언어적으로 재구성하는 일은 아이의 언어 발달에 큰 도움이 됩니다.

언어놀이 1 ◆ 행사 안내판, 포스터 보기

행사장에는 포스터와 안내판이 있습니다. 여기에는 그날 행사의 주요 내용과 진행 시간 등이 적혀 있어요. 함께 관람 순서와 수칙 등을 확인합니다. 주의사항을 숙지하고 준비물을 잘 가져왔는지 확인합니다.

[뇌를 깨우는 말들]

★ "2층에는 공룡 화석 전시장이 있고, 3층에서는 공룡알 만들기 체험을 할 수 있고, 4층에서는 애니메이션을 볼 수 있는데, 어디 먼저 갈까? 가만, 지금이 오전 11시니까… 도담아, 우리 화석 전시장 갔다가 점심 먹고 나서 공룡알 만들러 갈까? 일단 신청은 지금 해놓으면 되겠다. 선착순 100명이래. 뛰자!"

★ "아빠가 표를 사왔으니까 여기 줄을 서서 천천히 입장하면 돼. 팸플릿을 보니까, 먹을 건 가져갈 수 없다네. 근데 체험관이 무려 아홉 개! 전시도 보고 사진도 찍고! 도담아, 사진 찍을 수 있대. 우리 가서 사진 많

이 찍자. 가상체험 전시회니까 정말 신기한 게 많을 거야."

★ "귀중품은 직접 가져가야 하는구나. 아빠도 가방이 있으니까, 도담이
가방은 물품 보관함에 두면 될 거 같아. 가지고 다니면 무거우니까. 음
식 배달은 안 되고… 도시락은 쉼터에서 먹을 수 있대. 우리 거기서, 싸
온 김밥 먹으면 되겠다!"

언어놀이 2 ◆ 인터뷰하기

아이가 체험활동에 충실할 수 있도록 돕습니다. 그러면서 체험활동
사이사이에 인터뷰를 할 거예요. 인터뷰는 어른이 묻고 아이가 대답하
는 방식으로 진행합니다. 이 장면을 동영상으로 촬영해요. 이벤트 전후
로 소감을 묻는 텔레비전 예능 프로그램의 인터뷰 장면을 떠올리시면
됩니다.

[뇌를 깨우는 말들]

> **체험 전 인터뷰: 자기소개하기**

어른: (동영상을 촬영하며) "안녕하세요? 어디 사는 누구인가요? 자기소개 부
탁합니다."

아이: "네, 저는 ○○에 사는 양도담입니다. 안녕하세요."

어른: "네, 양도담 씨. 오늘 무슨 일로 이곳을 찾으셨나요? 앞으로 어떻게
하실 건지 간단하게 말씀 부탁해요."

아이: "네, 저는 오늘 딸기 농사 체험장에 와 있습니다. 엄마가 재미있을

거 같다고 해서 같이 왔는데요. 앞으로 여기서 딸기밭 구경도 하고, 딸기잼 만들기 체험도 하고, 딸기 슬러시도 먹어볼 생각입니다."

어른: "그렇군요. 잘 알겠습니다. 또 하실 말씀 있을까요?"

아이: "네, 오늘은 저랑 엄마랑 아빠랑 같이 왔습니다. 날씨도 좋고 그래서 기분이 좋습니다. 체험장에 있다가 나중에 같이 짜장면을 먹으러 가기로 했습니다. 빨리 갔으면 좋겠습니다."

어른: "네, 그렇군요. 잘 알겠습니다. 인터뷰 감사합니다. 그럼, 입장하겠습니다!"

체험 중간 인터뷰: 활동 소개하기

어른: "안녕하세요. 땡땡방송국의 땡땡 기자입니다. 지금 무엇을 하고 계시죠?"

아이: "네, 저는 지금 별똥탐험대 비행기에 있습니다. 이걸 타고 우주로 갈 거예요."

어른: "우주에 가면 무엇을 하실 건가요?"

아이: "네, 우주로 나가서 외계인도 만나고, 토성에 가서 같이 재미있게 놀겠습니다. 우주는 너무 넓어서 일단 다시 왔다가 갈 생각입니다."

어른: "그렇군요. 그럼 지구에 계신 분들께 한마디 해주실까요?"

아이: "우주여행은 재미가 있습니다. 하지만 지구는 우주에서 제일 소중하니까 꼭 지켜주세요."

어른: "네, 알겠습니다. 인터뷰 감사합니다. 우주여행 잘 다녀오세요~"

어른: "안녕하세요. 땡땡신문의 땡땡 기자입니다. 오늘 문화재 탐험 어땠나요?"

아이: "네, 재미있었습니다."

어른: "좀 더 자세히 말씀해주시겠어요? 무엇이 재미있었습니까?"

아이: "네, 옛날 사람들이 먹을 게 없어서 과일도 따 먹고 동물도 사냥하고, 그런 거 보는 게 재미있었습니다."

어른: "그렇군요. 그러면 우리가 그런 옛날 문화재를 어떻게 해야 할까요?"

아이: "네, 문화재는 중요하니까 잘 보호해야 합니다."

어른: "그렇군요. 말씀 감사합니다. 끝으로 한 말씀 해주시지요."

아이: "네, 앞으로도 오늘처럼 엄마랑 아빠랑 재미난 거 많이 구경하면 좋겠습니다."

언어놀이 3 ◆ 활동 정리하기

집에 돌아와 오늘 하루 있었던 일을 두고 아이와 함께 대화합니다. 어떤 점이 특히 좋았는지, 다른 친구들은 어땠는지 등을 말하면서 하루 활동을 정리합니다.

[뇌를 깨우는 말들]

★ "잘 다녀왔다. 도담이, 오늘 어땠어? 재미있었어? 엄마는 계단이 많아서 걸어 다니기 조금 힘들었는데, 넌 괜찮았어? 아, 그랬구나. 체험활

동은 어땠어? 형아들이 많이 왔던데. 다른 친구들하고 같이 하는 거 재밌었어?"

★ "오늘은 함께 도자기 체험장을 다녀왔습니다. 짠! 이게 바로 우리 도담 이가 만든 그릇이에요. 참 잘 만들었네요. 이거 어떻게 만들었어요?"

★ "오늘 찍은 사진들이야. 이 중에서 제일 마음에 드는 사진을 골라보자. 프린트해서 냉장고 앞에 붙여놓게. 그리고 다음에는 어디에 가고 싶은 지 핸드폰으로 검색해볼까? 정말 재미난 게 많아!"

T⚠P 이런 점도 신경 써주세요

아이와 함께 하는 체험활동은 재미있고 보람도 있습니다. 언어적으로 유의미한 경 험이 될 수 있도록 소개하기와 설명하기의 재료로 삼아보세요.

♥ 이런
아이들에게
좋아요

◆ 다양한 경험으로 새로운 낱말을 배워나갈 시기의 아이
◆ 자기 생각과 느낌을 적절하게 표현하는 연습이 필요한 아이

13

시장에 가서
떡볶이 먹고 오기

활 동 목 표

◆ **음식점 이용법 배우기** ◆ **자기 생각 말하기**
◆ **장본 물건 정리하며 새로운 낱말 배우기**

• 시장에서 다양한 물건을 구경하며 이름을 말해줍니다.
• 음식점 메뉴를 보며 무엇을 선택할지, 그 이유는 무엇인지 각자의 생각을 이야기합니다.
• 음식을 주문하는 방법을 알려줍니다.
• 장본 물건을 함께 정리합니다.

시장에는 물건이 많습니다. 물건들엔 모두 이름이 있고, 용도에 따라 잘 분류되어 있습니다. 그래서 시장이나 마트는 어휘를 늘리기에 좋은 장소예요. 또한 물건을 사고파는 일은 우리 일상에서 매우 큰 비중을 차지하는 활동입니다. 이때 쓰이는 낱말과 문장, 화법을 아이들도 배워야 해요. 시장에서 함께 장도 보고 맛있는 음식도 먹으면서 이를 경험할 수 있게 도와주세요.

언어놀이 1 ◆ 물건 구경하기

진열된 상품을 구경하는 일은 늘 재미있고 신기합니다. 어디에 어떤 것이 있는지, 모양과 상태는 어떤지, 어디에 쓰는 물건인지 이야기해보세요. 필요한 물건이 있다면 어디에서 살 수 있는지, 왜 필요한지 등을 이야기합니다. 이때 스마트폰을 이용하면 길이나 상점을 찾을 수 있을 뿐만 아니라 모르는 사물의 이름도 검색할 수 있습니다.

[뇌를 깨우는 말들]

★ "시장에 왔어요. 시장에는 신기한 것들이 많아요. 와! 저기 생선 가게다. 우리 생선 가게 구경할까? 오징어, 갈치, 이건 꽃게, 오~ 우리 도담이가 좋아하는 고등어도 있네! 고등어가 이렇게 생겼구나. 저 생선은 특이하다. 이름이 뭔지 검색해보자."

★ "참! 온 김에 모기채를 사야겠어. 도담이 지난번에 모기한테 물렸지? 집에 모기가 윙윙거리면서 날아다녀. 어디에 가면 모기채를 살 수 있을

까? 이쪽 길로 가면서 잘 찾아보자."

★ "도담이 내복을 사야겠는데, 어디로 가면 될까? 스마트폰으로 시장 지
도를 보니까 이쪽은 '한여름 꽃집'이 있고, 그 옆에 '작은발 신발 가게'
가 있다. 그리고 저기 저쪽에는 '언니네 옷 가게'랑 '생생 정육점'이 있는
거 같은데? 도담아, 어디로 가는 게 좋을까?"

언어놀이 2 ✦ 떡볶이 사 먹기

식당에서 음식을 먹을 때는 일정한 절차가 있습니다. 함께 메뉴판을
보고 주문하면서, 식사를 마친 후에 계산을 하면서 주고받는 말들을
아이가 배울 수 있어요.

[뇌를 깨우는 말들]

★ "네, 저희 메뉴판을 주시겠어요? 도담아, 여기 떡볶이는 종류가 많다.
왕매운 떡볶이랑, 치즈 떡볶이, 소고기 떡볶이, 순한 맛 채소 떡볶이,
해물 얼큰 떡볶이… 뭘 먹지? 도담이는 매운 게 좋아, 덜 매운 게 좋
아? 고기가 들어간 게 좋을까, 아니면 채소를 듬뿍 넣은 게 좋을까?
한번 골라볼래?"

★ "사장님, 이건 어떤 맛이에요? 근데 여기 혹시 청양고추가 들어가나요?
메뉴판 보니까 그런 것 같은데. 아, 원하면 고추 빼고 덜 맵게도 해주
실 수 있다고요? 그리고 로제 떡볶이에는 혹시 치즈가 들어가나요?"

★ "잘 먹었습니다. 얼마예요? 저희, 덜 매운 해물 떡볶이 2인분이요. 맛

이요? 순해서 아이가 먹을 만했어요. 그렇다고 싱겁지는 않았고요. 그치, 도담아? 1만 1,000원이요? 알겠습니다. 카드 여기에 있습니다. 그런데 혹시 배달도 되나요?"

언어놀이 3 ◆ 오늘 활동 정리하기

집에 돌아와 장본 물건들을 정리하고 오늘 있었던 일을 말합니다. 기억에 남는 일, 신기한 물건, 상인들과 나눈 대화 등을 주제로 이야기해 보세요.

[뇌를 깨우는 말들]

★ "마늘이랑 파는 냉장고 채소 칸에 넣고, 고등어랑 오징어는 냉장실 안에 두자. 내복 사온 건 빨아서 입어야 하니까, 아빠한테 줄래? 세탁기에 넣고 돌리자. 맞다! 도담아, 우리 올 때 문방구에서 모기채 사오지 않았니? 어디에 있지? 아닌가? 안 사 왔나?"

★ "도담이, 오늘 시장 나들이 어땠어? 뭐가 제일 좋았어? 떡볶이? 맛있었어? 그랬구나, 나중에 엄마가 또 사줄게. 다음에 시장에 가면 뭘 해보고 싶어?"

★ "아까 우리 집에 올 때 유빈이 만났잖아. 엄마가 유빈이 엄마랑 얘기하는 동안 도담이는 유빈이랑 무슨 얘기했어? 막 웃던데."

🄾🅰🅿 이런 점도 신경 써주세요

시장에서 만나는 낱말에는 다음과 같은 것들이 있습니다. 책에서 본 것, 집에 있는 것과 비교해보세요.

- 채소 가게, 과일 가게, 생선 가게, 정육점의 식재료
- 잡화점의 생활용품
- 가구점의 가구
- 옷 가게의 의류
- 귀금속 가게의 보석과 시계
- 식당, 분식점의 음식 종류
- 꽃집의 꽃 종류
- 문구점에서 파는 물건
- 신발 가게의 신발 종류

 이런
아이들에게
좋아요

- ◆ 어휘를 늘려나갈 시기의 아이
- ◆ 시장 나들이를 좋아하는 아이

14

학교 운동장에서 줄넘기하기

━━━━━━ 활 동 목 표 ━━━━━━

◆ **동사 표현 익히기** ◆ **느낌과 경험 설명하기** ◆ **몸의 변화 이해하기**

• 학교 운동장에 가서 무엇을 할지 함께 이야기합니다.

• 놀이 방법을 설명하고 규칙을 어떻게 정할지, 어떤 식으로 진행할지 함께 이야기합니다.

• 활동을 하며 몸의 움직임과 변화에 대해 말로 표현합니다.

241

학교 운동장은 아이들이 마음 놓고 뛰어놀 수 있는 장소입니다. 운동장에는 여러 운동기구들이 있어 별다른 준비 없이 자유 재미있게 놀수 있고, 공간이 넓어서 공놀이를 하거나 자전거·킥보드처럼 바퀴 달린 놀이기구를 타기에도 좋아요. 그 과정에서 다양한 동사를 익히고 몸과 관련한 낱말을 배울 수 있습니다.

언어놀이 1 ◆ 학교 운동장으로 가기 ─────────

먼저, 아이와 할 일을 의논합니다. 어른이 선택지를 제시하면서 아이에게 무엇을 하고 싶은지 물어보세요.

[뇌를 깨우는 말들]

★ "오늘은 토요일~ 정말 날씨 좋다. 도담아, 우리 학교 운동장에 가서 공던지기 할까? 아니면 철봉이랑 미끄럼틀 놀이를 할까? 집에 훌라후프 있으니까 가져갈까? 자전거를 타도 좋고, 줄넘기를 해도 좋아. 도담이는 뭐 하고 싶어?"

★ "심심하다. 학교 가서 놀자. 가서 뭘 하면 좋을까? 도담아, 우리 집에 학교 가서 놀 만한 게 뭐가 있을까? 킥보드? 그래, 킥보드를 탈 수 있지! 또 뭐가 있더라… 아! 도담이 네 방에 야구 글러브랑 방망이 있지 않니? 그런데 공이 없다고? 괜찮아. 공은 학교 앞 문방구에서 사면 돼."

★ "와, 운동장 저쪽에서 사람들이 축구한다. 농구대 쪽은 사람이 없네. 잘됐다. 우리 가져온 탱탱볼로 농구하자. 던져서 쏙 집어넣는 거다. 아

빠가 못 넣게 방해할 거야. 그럼 도담이가 이리저리 공을 튀기면서 빠져나가야 해. 알겠지?"

언어놀이 2 ◆ 몸의 움직임 설명하기

놀이를 하면서 동사와 부사로 움직임을 구체적으로 설명합니다. 몸의 어디를 어떻게 움직이는지, 어떻게 해야 공을 특정 방향으로 던지거나 몰고 갈 수 있는지 말해주세요.

[뇌를 깨우는 말들]

★ "엄마 따라 해봐. 이렇게 훌라후프를 두 손으로 잡고 허리까지 내려. 그런 다음에 몸을 앞뒤로 움직이면서 훌라후프를 돌리는 거야. 아니, 그러면 금세 내려오니까 빨리 움직여야지. 엉덩이에 걸치고 하면 더 잘된다. 그렇지, 바로 그거야!"

★ "도담아, 우리 줄넘기 딱 스무 개만 더 하고 가자. 그렇지! 손잡이를 잡고 빙글빙글 돌리면서 위로 뛰어오르는 거야. 잠깐, 그렇게 하면 머리나 어깨에 걸리잖아. 몸을 숙여. 그렇지! 고개를 약간 앞으로 숙이고, 무릎도 구부리는 거야."

★ "배드민턴은 라켓을 잘 잡아야 해. 아빠 봐봐. 왼손은 공을 잡고 오른손으로는 라켓 손잡이를 잡아. 손목과 팔이 일자가 되게. 그렇지. 그런 다음에 팔꿈치를 구부린 상태에서 몸을 살짝 틀고 공을 탁 쳐올리는 거야, 이렇게!"

언어놀이 3 ◆ 키와 몸무게 표현하기

아이들은 몸이 급격히 바뀝니다. 바깥 놀이를 하기 전이나 후에 몸무게와 키를 재서 기록해두면 자기 몸이 어떻게 변하는지, 다른 사람과 어떻게 다른지 이야기할 수 있어요.

[뇌를 깨우는 말들]

★ "우리 자전거 타기 전에 몸무게 한번 재자. 여기 올라가볼래? 어디 보자… 어이쿠야, 17킬로그램? 지난달보다 500그램 늘었네. 잘됐다. 밥도 잘 먹고 운동도 열심히 하니까 확실히 몸무게가 는다."

★ "한 시간이나 줄넘기를 했더니 너무 힘들다. 도담아, 우리 씻기 전에 키 한번 재자. 지난달에 101.5센티미터였잖아. 얼마나 더 컸을까? 오! 3밀리미터나 컸어! 이제 아빠랑 73센티미터밖에 차이 안 나네!"

Ⓣ🅰️🅿️ 이런 점도 신경 써주세요

바깥 몸놀이 활동은 아이들의 신체 건강에 좋고 말을 배우기에도 좋습니다. 자전거, 킥보드, 공놀이, 훌라후프, 줄넘기, 배드민턴, 벨크로 캐치볼, 술래잡기, 사방치기 등 아이와 함께 할 수 있는 활동들을 생각해보세요.

이런
아이들에게
좋아요
  ◆ 몸으로 하는 활동을 좋아하는 아이
  ◆ 동사 표현 등 어휘를 늘려나갈 시기의 아이

15

우체국에 가서
택배 부치기

─── 활 동 목 표 ───

◆ **규격과 관련한 낱말 익히기**   ◆ **택배 보내는 방법 이해하기**   ◆ **주소와 연락처 배우기**

• 보낼 물건을 포장하며 수신자와 방법 등을 이야기합니다.

• 무게 재는 방법과 단위를 설명합니다.

• 주의사항 등을 보며 이유에 대해 함께 이야기합니다.

• 우리 집 주소와 연락처를 알려줍니다.

택배는 우리가 일상에서 자주 사용하는 물건 전달 방식입니다. 선물을 보내거나 중고 거래를 할 때도 택배를 이용해요. 물건을 부칠 때는 절차에 따라 필요한 정보를 입력해야 합니다. 이때 주고받는 대화에는 물건의 무게와 크기, 물건의 종류, 발신자와 수신자, 전달 방법, 주소지, 비용 등과 관련한 다양한 표현이 담겨 있습니다. 아이에게는 좋은 언어 교육 현장인 셈이에요. 다음을 참고해서 택배로 보낼 물건을 들고 아이와 함께 우체국에 가보세요.

언어놀이 1 ◆ 크기와 무게 설명하기

일반적으로 물건을 택배로 부칠 때는 규격에 따라 비용이 달라집니다. 상자의 크기와 무게가 어떤지 알려주세요. 또 주의사항이 적힌 안내문을 보면서 보내면 안 되는 물건과 그 이유 등을 이야기할 수 있어요.

[뇌를 깨우는 말틀]

★ "엄마가 내용물은 책이라고 얘기했어. 저울에 올렸더니 무게가 800그램이래. 이런 책이 20권 있으면 도담이 몸무게가 된다는 뜻이야. 일반 우편보다 값이 비싸지만 빠른 등기로 보내면 내일 바로 도착한다고 해서 그렇게 했어."

★ "도담아, 여기 안내문에 이렇게 쓰여 있어. '중량은 최대 30킬로그램 이하이고 한 변의 최대 길이는 100센티미터 이하여야 한다.' 100센티미터면 1미터잖아. 아빠가 줄자를 줄 테니까 거기 잠깐 대고 있어 봐. 이

건 길이가… 45센티미터네! 100센티미터보단 훨씬 짧으니까 괜찮아."

★ "도담아, 저기 주의사항 적힌 종이 가져다줄래? 뭐라고 쓰여 있나 보자. 어이구, 귀중품은 못 보내네. 이건 중간에 잃어버릴 수 있어서 그런가 보다. 값비싼 거 잃어버리면 손해가 크잖아. 그리고 자외선차단제 같은 건 알코올이 들어가서 위험한가 봐. 원래 알코올이 불붙기가 쉽거든. 그런데 폭죽이랑 딱총은 왜 안 되는 걸까?"

언어놀이 2 ◆ 주소와 연락처 적기

송장에는 주소와 연락처를 적습니다. 이때 아이에게 집 주소와 전화번호를 알려줄 수 있습니다. 우편번호 책을 보면서 우리 집이 어느 시도, 어느 구에 속하는지도 알아보세요.

[뇌를 깨우는 말들]

★ "받는 사람은 네 큰삼촌이니까 이렇게 적으면 되고. 주소는 서울시 마포구… 잠깐, 여기 적어놓은 대로 쓰면 되겠지? 그럼 이제 우리 집 주소랑 연락처를 적어야 하는데… 도담아, 엄마 전화번호 알지? 뭐야? 옳지! 그럼 주소는? 주소는 몰라? 알았어, 엄마가 알려줄게."

★ "우편번호가 어떻게 되더라. 저기 가서 우편번호 책을 보자. 도담아, 잘 들어. 우리 집은 경기도에 있어. 가나다순이니까 앞에 있겠다. 여기를 펼쳐볼래? 그리고 다음이 수원시인데, 시옷이니까 기역, 니은, 디귿 다음 네 번째다. 그다음은 권선구니까…."

언어놀이 3 ✦ 스마트 앱 활용하기

우체국 앱을 활용하면 '간편 사전 접수' 서비스를 이용할 수 있습니다. 집에서 아이와 함께 스마트폰으로 보낼 물건과 주소 등을 입력하고 우체국을 방문하면 곧바로 송장을 발급받을 수 있어요. 아이와 차분하게 집에서 이야기를 나눌 수 있고, 또 기다리는 시간도 줄일 수 있습니다. 우편번호를 찾을 때도 유용해요.

TIP 이런 점도 신경 써주세요

길이는 자로 재고 무게는 저울로 잽니다. 집 안에서 무게가 나갈 만한 것을 저울에 올려서 비교해보고 집 안에 있는 물건들의 길이를 재보세요. 눈대중으로 몇 센티미터쯤 될지, 몇 킬로그램이나 나갈지 알아맞히기 게임을 할 수도 있습니다.

이런
아이들에게
좋아요
- ◆ 집 주소와 보호자 전화번호 등을 알아야 할 시기의 아이
- ◆ 어른이 하는 일에 호기심을 보이는 아이

16

우리가 있는 곳은 여기야!

활 동 목 표

◆ 방위, 거리와 관련한 낱말 익히기 ◆ 시간과 거리 이해하기

◆ 현재 위치를 확인하고 앞으로 갈 길 설명하기

• 지도에서 갈 곳을 정하고 위치를 설명합니다.

• 목적지로 가는 방법을 함께 이야기합니다.

• 예상 소요 시간과 도착했을 때의 시간을 비교합니다.

• 지도 앱을 활용합니다.

외부에서 이동할 때 지도 앱을 활용할 수 있습니다. 가고 싶은 곳, 구경하고 싶은 곳을 정하고 목적지를 지도에서 확인해보세요. 지금 있는 곳에서 어느 방향인지, 얼마나 걸릴지, 그곳에 가면 어떤 것들이 있을지를 이야기해보세요.

언어놀이 1 ◆ 목적지 정하기

지도 앱에서 가까운 음식점, 박물관, 도서관, 공원 등을 검색합니다. 지도를 확대하거나 축소하면서 목적지가 맞는지 확인합니다.

[뇌를 깨우는 말들]

★ "배고프다. 도담아, 우리 짜장면 먹으러 갈까? 가까운 음식점이 어디에 있나 찾아보자."

★ "오! 열 군데가 넘게 있네. 어디가 좋을까? 여기가 집에서 제일 가깝네. 메뉴가 뭐 있는지 보자."

★ "우리 어제 어린이 도서관 갔었지? 그 도서관이 어디에 있는지 지도에서 한번 찾아볼까?"

★ "우리 오늘 생태공원에 놀러갈 거야. 네가 한번 검색해볼래? 우리 집에서 얼마나 걸릴까?"

언어놀이 2 ◆ 경로 설정하기

출발점과 도착점을 설정하고 경로와 소요 시간을 확인합니다. 최단

거리 경로도 있고, 경치가 좋은 곳을 거쳐 에둘러가는 방법도 있습니다. 해당 장소로 가는 다양한 루트를 연구해보세요.

[뇌를 깨우는 말들]

★ "지원아, 이것 봐. 여기가 바로 부엉이박물관이야. 여기가 우리 집이고. 집에서 박물관까지 어떻게 가는 게 좋을까?"

★ "시청에서 꾸러기놀이방까지 가려면 이렇게 가면 되겠네. 큰길 따라서 북쪽으로 갔다가 우회전. 그렇지! 거기서 다시 두 블록쯤 더 가서 우회전. 맞아, 그러면 되겠다!"

언어놀이 3 ◆ 현재 위치 확인하기

이동 중에도 현재 위치를 확인할 수 있습니다. 어디쯤 가고 있는지, 어느 방향으로 얼마나 더 가면 되는지 함께 이야기해보세요.

[뇌를 깨우는 말들]

★ "지금 우리 위치가 여기야. 편의점 보이지? 바로 여기. 그러니까 이 길 따라서 앞으로 쭉 가면 전망대가 나올 거야. 지금 속도로 가면 10분쯤 걸리겠다. 힘들면 잠깐 자전거 세우고 벤치에서 쉬었다 갈까? 10분이면 그냥 가겠다고? 도착해서 쉬는 것도 괜찮겠다."

★ "현재 위치를 볼까? 여기는 어린이 도서관이다. 보이지, 책 표시? 그 아래쪽에 나무 표시 보이니? 거긴 작은산근린공원이고. 우리 구청 쪽

으로 해서 걸어갈까? 가끔 그 앞에서 바자회를 하거든. 도담이 좋아하는 장난감이 있을 수도 있으니 가보는 게 어떨까?"